AF233985

# COURS DE CHIMIE

CONFORME AUX PROGRAMMES OFFICIELS DU 4 MAI 1912

A L'USAGE

## DES CLASSES DE L'ENSEIGNEMENT SECONDAIRE

# COURS

## DE

# CHIMIE

### A L'USAGE

### DES CLASSES DE L'ENSEIGNEMENT SECONDAIRE

CONFORME AUX PROGRAMMES OFFICIELS DU 4 MAI 1912

PAR

## Paul BOURGAREL

AGRÉGÉ DES SCIENCES PHYSIQUES, PROFESSEUR AU LYCÉE SAINT-LOUIS

---

## MÉTALLOÏDES

## PARIS

## LIBRAIRIE GARNIER FRÈRES

6, RUE DES SAINTS-PÈRES, 6

---

1916

# PROGRAMME OFFICIEL

## ENSEIGNEMENT SECONDAIRE : LYCÉES ET COLLÉGES DE GARÇONS

### CLASSE DE QUATRIÈME B

(Les chiffres romains renvoient aux divers chapitres)

Divers états de la matière ; exemples familiers (I).

Eau pure ; analyse, synthèse (VI).

Hydrogène (VIII). — Oxygène (III).

Air. — Expérience de Lavoisier (II). — Azote (IV).

Electrolyse du chlorure de sodium : chlore, sodium, soude caustique, chlorures décolorants (IX, X, XI).

Acide chlorhydrique ; chlorures (IX).

Ammoniaque (XIV).

Corps simples : métalloïdes, métaux (XII). Corps composés : invariabilité de leur composition (V, VI).

Symboles, notation atomique, formules (XII).

Soufre, acide sulfurique, acide sulfhydrique (XVI, XVII, XVIII, XIX).

Acide azotique (XX).

Combustibles naturels et artificiels. — Carbone (XXII, XXIII).

Anhydride carbonique. — Oxyde de carbone (XXIV).

Conseils généraux. — Ce programme étant détaillé, le professeur devra se limiter strictement à l'étude des corps qui y sont indiqués, en se bornant pour chaque corps à l'exposé des propriétés essentielles. Il suffira, pour la préparation des produits usuels, de donner une idée des procédés industriels modernes sans insister sur le détail des appareils.

Les élèves devront se servir du tableau des poids atomiques, sans se préoccuper des conventions sur lesquelles repose l'établissement de ce tableau. Le professeur, en insistant sur ce que les symboles représentent des poids et des volumes, familiarisera les élèves avec l'emploi de ces symboles et des formules.

## CLASSES DE SECONDE C ET D

*(Les chiffres romains renvoient aux divers chapitres)*

Eau, composition (VI, VII).

Hydrogène (VIII).

Oxygène (III).

Air : expériences de Lavoisier (II). — Azote (IV).

Electrolyse du chlorure de sodium : chlore, sodium, soude caustique, chlorures décolorants (IX, X, XI).

Acide chlorhydrique (IX).

Analyse, synthèse (II). — Mélange, combinaison (VI).

Corps simples : métalloïdes, métaux (XII). — Corps composés (V).

Principe de la conservation de la matière (V). — Loi des proportions définies (VI).

Symboles. Notation atomique. Formules (XII). — Nomenclature (XIII).

Soufre. — Anhydride sulfureux; anhydride et acide sulfuriques — Acide sulfhydrique (XVI, XVII, XVIII, XIX).

Acide azotique. — Enumération des oxydes de l'azote; loi des proportions multiples (XX).

Ammoniaque (XIV).

Loi des volumes (XV).

Acide phosphorique, phosphore (XXI).

Charbons, carbone (XXII, XXIII). — Anhydride carbonique et oxyde de carbone (XXIV).

Silice (XXV).

# TABLE DES CHAPITRES

# TABLE DES FORMULES

## DES PRINCIPAUX CORPS CITÉS DANS CE VOLUME

|  | ACIDES | ANHYDRIDES |
|---|---|---|
| Azotique | $AzO^3H$ | |
| Carbonique | $CO^3H^2$ | $CO^2$ |
| Chlorhydrique | $ClH$ | |
| Phosphorique | $PO^4H^3$ | $P^2O^5$ |
| Sulfhydrique | $SH^2$ | |
| Sulfureux | $SO^3H^2$ | $SO^2$ |
| Sulfurique | $SO^4H^2$ | $SO^3$ |

| MÉTAUX | AZOTATES | CAR-BONATES NEUTRES | CHLO-RURES | SULFATES NEUTRES |
|---|---|---|---|---|
| Ammonium | | | $ClAzH^4$ | $SO^4(AzH^4)^2$ |
| Argent | $AzO^3Ag$ | | $ClAg$ | |
| Baryum | | | $Cl^2Ba$ | $SO^4Ba$ |
| Calcium | $(AzO^3)^2Ca$ | $CO^3Ca$ | $Cl^2Ca$ | $SO^4Ca$ |
| Cuivre | $(AzO^3)^2Cu$ | | | $SO^4Cu$ |
| Or | | | $Cl^3Au$ | |
| Potassium | $AzO^3K$ | | $ClK$ | |
| Sodium | $AzO^3Na$ | $CO^3Na^2$ | $ClNa$ | $SO^4Na^2$ |
| Zinc | | | $Cl^2Zn$ | $SO^4Zn$ |

*Table des formules*

<table>
<tr><td colspan="2" align="center">OXYDES</td></tr>
<tr><td>Bioxyde de manganèse.........................</td><td>$MnO^2$</td></tr>
<tr><td>Oxyde de calcium (chaux vive)...............</td><td>$CaO$</td></tr>
<tr><td>Oxyde de carbone............................</td><td>$CO$</td></tr>
<tr><td>Oxyde de cuivre ............................</td><td>$CuO$</td></tr>
<tr><td>Peroxyde d'azote............................</td><td>$AzO^2$</td></tr>
<tr><td>Peroxyde de sodium..........................</td><td>$Na^2O^2$</td></tr>
<tr><td colspan="2" align="center">CORPS DIVERS</td></tr>
<tr><td>Bisulfure de fer (pyrite)...................</td><td>$S^2Fe$</td></tr>
<tr><td>Chlorate de potassium.......................</td><td>$ClO^3K$</td></tr>
<tr><td>Eau ........................................</td><td>$H^2O$</td></tr>
<tr><td>Gaz ammoniac................................</td><td>$AzH^3$</td></tr>
<tr><td>Hydrate de calcium (chaux)..................</td><td>$CaO^2H^2$</td></tr>
<tr><td>Hydrate de sodium (soude)...................</td><td>$NaOH$</td></tr>
</table>

Les chiffres placés entre parenthèses

renvoient aux paragraphes.

# COURS DE CHIMIE

## MÉTALLOÏDES

---

### CHAPITRE I

## DIVERS ÉTATS DE LA MATIÈRE

**1. La matière.** — L'observation montre que les objets qui nous sont familiers possèdent des *qualités* particulières, permettant de reconnaître ces objets et de les distinguer les uns des autres.

Nous donnerons à tous ces objets le nom de *corps* et à leurs qualités particulières le nom général de *propriétés* de ces corps. Ainsi le sol sur lequel nous vivons, les matériaux qui servent à construire nos demeures et à confectionner nos vêtements, les aliments que nous absorbons sont des *corps*.

On appelle *matière* tout ce qui peut former un corps susceptible d'être perçu par nos sens.

Les roches et les corps qui s'en déduisent sont généralement désignés sous le nom de *matières minérales*. D'autres substances, extraites des végétaux et des animaux, s'appellent *matières organiques*.

**2. Divers états de la matière.** — Procurons-nous divers corps tels que du *fer*, du *bois*, du *plomb*, de l'*eau*, du *vin*, de l'*huile*, etc.

— 1 —

Nous pourrons former avec ces corps, et avec d'autres susceptibles d'être maniés comme eux, deux lots distincts en mettant d'une part les *corps solides,* le fer, le bois, le plomb, etc., et d'autre part les *corps liquides,* l'eau, le vin, l'huile, etc., dans des récipients appropriés.

Il y a des corps que nous ne saurions ranger dans l'un des groupes précédents ; tels sont l'*air* dans lequel nous vivons et le *gaz d'éclairage* qui est conduit dans nos habitations par des canalisations convenables.

Nous ne voyons pas l'air, mais nous sentons sa présence lorsque le vent souffle ou lorsque nous cherchons à nous déplacer avec une grande vitesse.

Le gaz d'éclairage est également invisible, mais il a une odeur particulière et nous pouvons manifester sa présence en l'enflammant à la sortie de la canalisation.

L'air, le gaz d'éclairage et d'autres corps analogues seront donc considérés comme des matières qui ne sont ni solides, ni liquides, et que nous appellerons des *gaz* ou des *corps gazeux.*

En définitive, la matière se présente à nous sous trois états distincts : l'*état solide,* l'*état liquide* et l'*état gazeux.* Examinons d'un peu plus près les propriétés qui caractérisent ces divers états.

**3. État solide.** — Un corps solide est facile à manier ; **il possède une forme propre,** que nous ne pouvons modifier qu'en exerçant sur le solide des forces assez grandes. C'est ce que l'on peut constater en cherchant à plier une tige de bois ou une tige d'acier. La résistance à la déformation n'est pas illimitée et si l'on exerce un effort suffisant on brise la tige, et celle-ci n'est plus reconstituée par la simple juxtaposition des fragments obtenus.

Enfin on ne peut faire varier que très peu le *volume* d'un corps solide en utilisant des pressions énormes : en d'autres termes, **les solides sont presque incompressibles.**

**4. État liquide. — Un liquide n'a pas de forme déterminée;** il prend toujours celle du vase qui le contient et, si celui-ci n'est pas plein, la surface libre du liquide, qui ne touche pas les parois, est *plane et horizontale.* Si l'on penche le vase, le liquide se déforme, suit le mouvement et peut même s'échapper au dehors du vase; nous ne pouvons pas manier aisément un liquide sans le voir s'écouler entre nos doigts. Cet ensemble de propriétés porte le nom de fluidité.

Mais le volume d'un liquide, comme celui d'un solide, varie à peine sous l'influence des pressions auxquelles on peut le soumettre : en d'autres termes, **les liquides sont des fluides presque incompressibles.**

**5. État gazeux. —** Un gaz peut, comme un liquide, s'échapper du vase qui le contient; c'est un fluide. Prenons, en effet (*fig.* 1), un vase ouvert V (que nous appellerons éprouvette) et introduisons-le progressivement dans l'eau en plaçant l'orifice de l'éprouvette le plus bas possible. L'eau ne s'élève que très peu dans le vase V, car celui-ci, qui nous paraissait vide, contient en réalité de l'air qui ne peut s'échapper pour livrer passage à l'eau. Mais si nous penchons l'éprouvette nous verrons l'air s'écouler de bas en haut en *bulles* qui traversent l'eau pendant que celle-ci envahit peu à peu l'éprouvette.

Nous pouvons même transvaser par ce moyen l'air ou tout autre gaz d'une éprouvette E dans une autre E' (*fig.* 2) primitivement pleine d'eau.

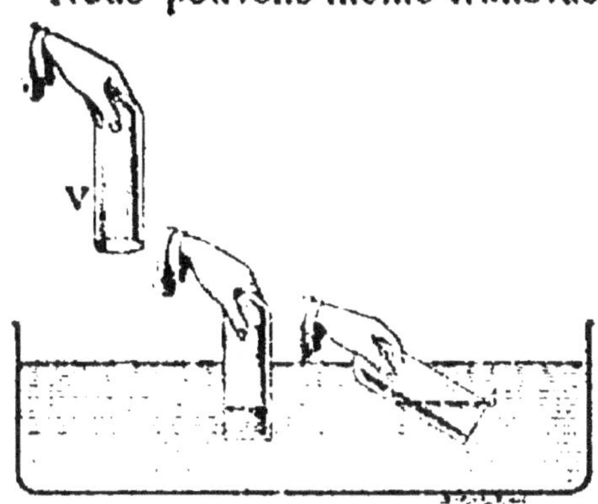

Fig. 1. — L'air que contient une éprouvette renversée sur une cuve à eau s'écoule de bas en haut lorsque l'on penche l'éprouvette.

Les propriétés des gaz sont bien différentes de celles des liquides. Il suffit, pour s'en convaincre, d'enfermer de l'air dans un cylindre C (*fig.* 3) dans lequel peut se déplacer un piston P (pompe de bicyclette); supprimons toute communication entre le cylindre et l'extérieur et enfonçons le piston; le volume du gaz diminue beaucoup et, si l'on cesse d'agir sur le piston, celui-ci re-

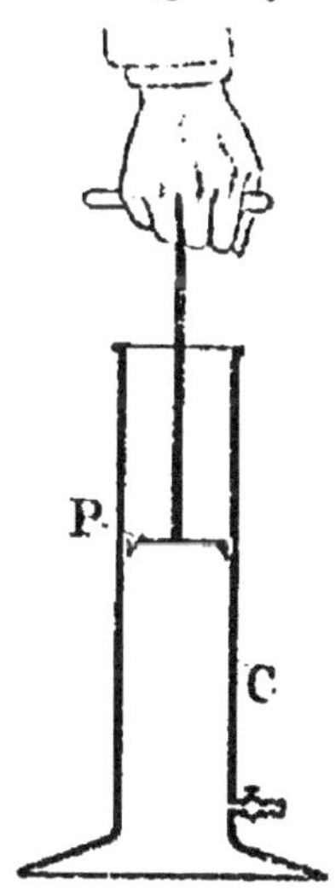

Fig. 3. — L'air est compressible et élastique.

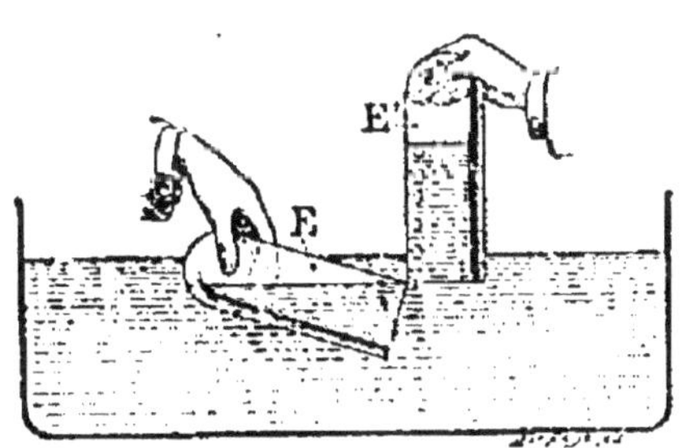

Fig. 2. — On peut transvaser un gaz d'une éprouvette dans une autre.

monte à sa position primitive, comme il le ferait si le cylindre contenait un ressort. L'expérience peut se réaliser avec un gaz quelconque : **les gaz sont donc des fluides très compressibles et élastiques.**

L'élasticité que nous venons de constater ici n'est pas spéciale à l'état gazeux et lorsqu'on dispose de moyens assez énergiques pour constater la faible compressibilité des solides et des liquides on observe comme conséquence l'élasticité qui, dès lors, est une propriété commune aux divers états de la matière.

Enfin les gaz se distinguent encore des liquides par la propriété qu'ils possèdent d'occuper tout l'es-

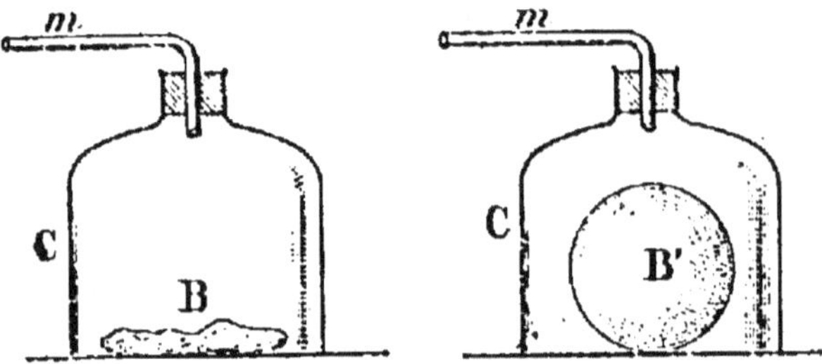


Fig. 4. — Expansibilité des gaz. C, cloche dans laquelle on peut faire le vide en reliant le tube m à une machine pneumatique. B, ballon en baudruche, fermé et incomplètement gonflé B', le même ballon dans l'air raréfié.

pace qui leur est offert : **ils sont expansibles.** Ainsi un ballon en baudruche, modérément gonflé avec de l'air et hermétiquement fermé, se gonfle (*fig.* 4) jusqu'à éclater si on enlève l'air qui se trouve autour de lui en utilisant une pompe à air (machine pneumatique).

**6. Pression atmosphérique.** — Le milieu dans lequel nous vivons, appelé *atmosphère*, exerce sur nos organes et sur les corps qui nous environnent une pression dite atmosphérique. On apprendra dans le cours de physique à mesurer cette pression qui, tout en variant incessamment, s'écarte peu d'un kilo-gramme par centimètre carré.

Les gaz que nous rencontrerons dans nos expé-riences seront presque toujours dans des vases en communication avec l'atmosphère et, par suite, leur pression sera celle de l'atmosphère.

**7. Pressions et volumes.** — Le volume que peut prendre un corps solide ou un corps liquide sous diverses pressions sera *sensiblement* le même qu'à la pression atmosphérique, puisque ces corps sont *peu compressibles*. Mais il n'en est pas de même pour les gaz, dont le volume *varie beaucoup avec la pression*.

**8. Températures.** — Le volume d'un corps varie avec la température, mais celui d'un corps solide ou d'un corps liquide varie très peu, tandis que le volume d'un gaz peut varier beaucoup.

**9. Conditions normales de température et de pression.** — Toutes les fois que l'on voudra indiquer le volume d'un gaz, ou le résul-tat d'une mesure dépendant du volume de ce gaz, on devra spé-cifier essentiellement les conditions de température et de pression.

Le plus souvent les gaz sont mesurés à la température de 0° (glace fondante) et à la pression d'un kilogramme par centimètre carré [1].

Cette température et cette pression définissent ce que nous appellerons les conditions normales.

**10. Changements d'état.** — Lorsque la tempéra-ture s'abaisse, nous voyons l'eau se transformer en un

[1] Plus exactement, à la pression exercée par une colonne de mercure ayant une hauteur verticale de 76 centimètres. C'est ce qu'on appelle la pression atmosphérique normale.

corps solide, la glace. Si la température s'élève ensuite, cette glace ou eau solide reprend l'état liquide.
Chacune de ces modifications constitue un **changement d'état de la matière.**

Lorsqu'un solide devient liquide, on dit qu'il fond ;
le changement qu'il éprouve est appelé **fusion.** Ce
phénomène est très général ; il est possible, à des
températures plus ou moins élevées, de fondre la
plupart des corps solides.

La **solidification,** qui est la modification inverse
de la précédente, peut être réalisée avec la plupart
des liquides par un refroidissement convenable.

Les corps liquides peuvent prendre l'état gazeux.
L'eau, abandonnée dans un vase ouvert, disparaît peu
à peu ; elle s'est transformée en vapeur d'eau qui s'est
mélangée à l'air. C'est le phénomène de l'**évaporation.**

On réalise plus rapidement la transformation d'un
liquide en vapeur en le chauffant. Lorsque la vaporisation est devenue assez active, on voit les bulles
de vapeur grossir démesurément et se succéder avec
une rapidité suffisante pour agiter le liquide en cre-
vant à sa surface. C'est le phénomène de l'**ébullition**
que tout le monde peut observer en chauffant de
l'eau.

Inversement la vapeur d'eau redevient liquide par
un refroidissement suffisant : il suffit, pour l'observer,
de faire arriver un jet de vapeur d'eau sur un corps
froid ; l'eau se **condense** d'abord en buée et ne tarde
pas à ruisseler en gouttelettes.

*Un même corps peut donc prendre successivement
les divers états :* solide, liquide, gaz.

**11. Dissolution.** — Un morceau de sucre introduit dans l'eau se désagrège lentement, puis disparaît. Tout se passe comme si le sucre était devenu liquide dans l'eau. Nous donnerons à ce changement d'état, opéré par l'intermédiaire d'un liquide appelé *dissolvant*, le nom de **dissolution**. Ce phénomène, qui peut se réaliser avec de nombreux liquides et de nombreux solides, est caractérisé par ce fait que l'évaporation du dissolvant fait reprendre au corps dissous son état solide.

Les gaz peuvent également se dissoudre dans des liquides et en particulier dans l'eau. Ils reprennent l'état gazeux lorsqu'on chauffe la dissolution.

**12. Importance des changements d'état.** — Tous ces changements d'état sont étudiés en détail dans les cours de physique. On les utilise en chimie à chaque instant, soit pour étudier les transformations que peuvent subir divers corps, soit pour faciliter le transport et l'utilisation des produits industriels.

# CHAPITRE II

## AIR

## Expérience de Lavoisier. — Combinaisons, Décompositions — Analyse, Synthèse

**13. Rôle de l'air dans la nature.** — L'air constitue le milieu gazeux (2) dans lequel nous vivons et qui forme autour du globe terrestre une couche appelée atmosphère. C'est donc dans l'air que nous faisons toutes nos expériences; il entretient notre respiration et celle de la plupart des animaux et des végétaux.

Par quel mécanisme cet intéressant phénomène de la respiration peut-il se produire dans l'air et non dans un autre gaz? On est arrivé à résoudre cette question en étudiant les circonstances plus simples qui accompagnent les combustions usuelles et les modifications éprouvées par les métaux exposés au contact de l'air.

**14. Altération des métaux usuels dans l'air.** — Divers corps, que l'on désigne habituellement sous le nom de métaux, tels que le fer, le plomb, s'altèrent plus ou moins rapidement à l'air. Le fer fraîchement poli et le plomb fraîchement coupé sont brillants; abandonnés à l'air, ces corps se ternissent lentement. C'est ce



1*

quo l'on exprime en disant, par exemple, que le fer s'est *rouillé*. L'altération devient, d'ailleurs, très rapide à chaud : il suffit de chauffer du plomb à l'air pour le voir, après fusion, se recouvrir d'une poudre jaunâtre, d'aspect terreux.

Pour élucider ces phénomènes connus depuis longtemps, Lavoisier fut conduit, en 1775, à réaliser avec un autre métal, le mercure, une expérience mémorable que nous rapporterons sommairement.

**15. Expérience de Lavoisier.** — Le mercure est un métal liquide à la température ordinaire ; il brille comme l'argent poli. Chauffé au contact de l'air, il se recouvre d'une poudre rouge.

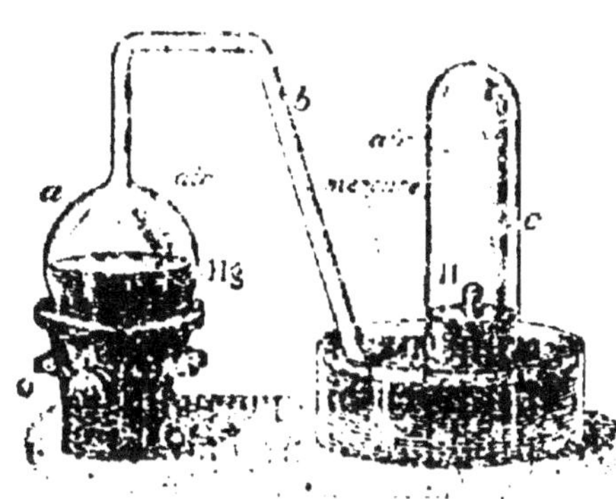

Fig. 5. — Expérience de Lavoisier.

Pour rechercher le rôle de l'air dans ce phénomène, Lavoisier chauffa du mercure en présence d'une quantité limitée d'air, dans un ballon *a* (*fig.* 5), muni d'un long col recourbé se rendant sous une cloche *c*, renversée sur une cuve à mercure et **contenant de l'air**(¹). Le volume total de l'air ainsi emprisonné avait été mesuré avec soin. Le mercure chauffé se recouvrit très lentement d'un voile rouge dont la formation se continua pendant plusieurs jours de chauf-

(¹) Le mercure de la cuve n'a d'autre but que d'assurer la fermeture de l'appareil : le col du ballon ne sert qu'à faire communiquer l'air du ballon *a* avec l'air de la cloche *c*.

fage. Au bout d'une douzaine de jours, la modification parut terminée. Lavoisier arrêta l'expérience et, après refroidissement, il put constater que **le volume du gaz enfermé dans l'appareil avait été réduit d'un cinquième environ.**

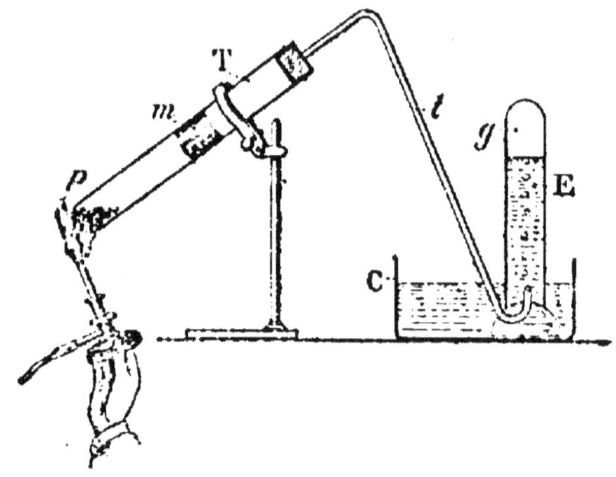


Fia. 6. — Décomposition de l'oxyde rouge de mercure.

Le gaz restant dans la cloche et dans le ballon fut étudié ; il n'entretenait ni la respiration ni les combustions usuelles. Il différait donc de l'air primitif ; on l'appela **azote.**

La formation de la poudre rouge se trouvait ainsi accompagnée de la disparition du corps qui, dans l'air, contribue à l'entretien de la respiration et des combustions.

Lavoisier se proposa de rechercher ce corps dans la poudre rouge et fit l'expérience suivante que nous pourrons reproduire sous une forme simple (*fig.* 6) :

Procurons-nous la poudre rouge, chauffons-la dans un tube T (tube à essais) fermé à l'une de ses extrémités ; la poudre noircit et disparaît peu à peu en donnant du **mercure**, qui vient se condenser en fines gouttelettes dans les régions froides du tube en formant un anneau miroitant *m*.

En même temps un gaz *g* se dégage, et l'on peut le conduire par l'intermédiaire d'un tube *t* (tube abducteur) dans une éprouvette E préalablement remplie d'eau et renversée sur une cuve à eau.

Ce gaz entretient, mieux que l'air, les combustions usuelles et la respiration ; une allumette que l'on vient d'éteindre, mais présentant encore quelques points incandescents, s'y rallume et brûle rapidement avec éclat ; un oiseau peut y respirer, mais il ne tarde pas à donner les signes d'une vive excitation. Ce gaz a reçu le nom d'**oxygène**.

Enfin, en réunissant dans un même récipient l'azote et l'oxygène provenant de sa double expérience, Lavoisier obtint de l'air tout à fait semblable à l'air ordinaire. **L'air est donc essentiellement formé d'oxygène et d'azote.**

Les chimistes ont reconnu que l'azote qui apparaît lorsqu'on enlève l'oxygène de l'air est une réunion complexe de plusieurs gaz ; nous lui donnerons le nom d'azote atmosphérique.

**16. Combinaisons et décompositions.** — La poudre rouge, dont la calcination nous a fourni uniquement du mercure et de l'oxygène s'obtient en chauffant le mercure en présence de l'air ou de l'oxygène. Nous dirons, dans ces conditions, que **le mercure s'est combiné à l'oxygène** et nous appellerons **oxyde de mercure**, le résultat de cette combinaison.

La disparition progressive de cet oxyde, avec production des composants mercure et oxygène, s'appelle une **décomposition**. Dans la seconde partie de l'expérience de Lavoisier, nous avons réalisé la décomposition de l'oxyde de mercure sous l'influence de la chaleur. Nous rencontrerons plus tard d'autres modes de décomposition.

**17. Analyse et synthèse.** — Toute opération qui conduit à séparer les composants d'un corps constitue une **analyse** de ce corps. Ainsi, la seconde partie de l'expérience de Lavoisier est une analyse de l'oxyde de mercure. Réunie à la première partie, elle constitue une analyse de l'air.

Toute opération qui permet d'obtenir un corps à l'aide de ses composants est une **synthèse**. La formation de l'oxyde de mercure à l'aide du mercure et de l'oxygène est une synthèse de cette combinaison ; la reconstitution de l'air par le mélange d'azote et d'oxygène en proportion convenable est une synthèse de l'air.

**18. Phénomènes chimiques.** — Les modifications au cours desquelles se manifestent des combinaisons ou des décompositions recevront le nom de **phénomènes chimiques**.

Nous apprendrons dans la suite à distinguer ces phénomènes d'autres plus simples, dans lesquels la composition des corps ne joue pas un rôle essentiel et qui s'appellent **phénomènes physiques**.

## Étude plus complète de l'air

**19. L'air contient de la vapeur d'eau.** — Un corps froid introduit dans l'atmosphère se recouvre d'une buée de fines gouttelettes provenant de la condensation de la vapeur d'eau atmosphérique. Si le corps est assez froid, les gouttelettes se solidifient et donnent un dépôt de givre.

Cette vapeur, dont la présence dans l'air s'explique aisément par l'évaporation des cours d'eau, des lacs et des mers, se condense constamment pour donner les nuages, la pluie, la neige.

**20. L'air contient du gaz carbonique.** — Si l'on insuffle l'air des poumons dans une dissolution limpide de chaux (eau de chaux), le liquide se trouble rapidement.

Nous verrons plus tard que cette modification est due à la présence d'un corps gazeux appelé gaz carbonique qui se trouve rejeté dans l'air par la respiration des animaux et par les combustions des corps contenant du charbon.

Ce gaz carbonique ne s'accumule pas dans l'atmosphère; l'air pur des campagnes et des hauts sommets n'en contient qu'une dose très faible ([1]), susceptible cependant d'être manifestée comme ci-dessus, à l'aide d'eau de chaux.

([1]) La proportion moyenne est de 3 litres de gaz carbonique dans 10000 litres d'air.

**21. L'air contient d'autres gaz.** — Les nombreuses modifications chimiques qui se produisent spontanément dans la nature ou qui sont réalisées par l'industrie humaine peuvent déterminer, ainsi que nous le verrons par la suite, l'apparition de nombreux produits gazeux capables de se disséminer dans l'air.

**22. L'air contient des matières solides en suspension.** — Tout le monde a aperçu les poussières qui sont rendues visibles dans l'air le plus pur, lorsqu'un faisceau de lumière solaire pénètre dans une chambre peu éclairée. Ces poussières sont formées par d'innombrables débris inertes provenant des roches ou minéraux, des végétaux et des animaux.

Elles renferment aussi des germes microscopiques vulgairement connus sous le nom de microbes; les plus nombreux sont les agents actifs du développement des moisissures et des fermentations; d'autres, en moins grand nombre, s'attaquent parfois à notre organisme et peuvent engendrer des maladies. Dans tout ce qui suit, nous supposerons que l'air a été filtré à travers un tampon de coton.

**23. Composition centésimale de l'air.** — L'expérience de Lavoisier ne nous a fourni qu'approximativement les proportions relatives d'oxygène et d'azote qui forment l'air. Il est possible d'obtenir des résultats plus exacts à l'aide d'autres analyses. Nous ne citerons ici qu'une méthode, basée sur l'emploi du phosphore.

Le phosphore, dont nous verrons plus loin l'origine, est un corps solide de couleur ambrée.

Il s'altère très facilement dans l'air en se combinant à l'oxygène; aussi doit-on le conserver et le manier dans l'eau. Nous pouvons l'utiliser pour analyser l'air, car il ne se combine pas à l'azote atmosphérique.

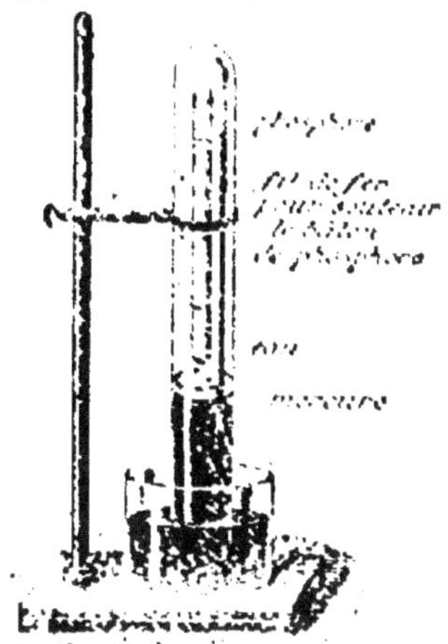

Fig. 7. — Analyse de l'air par le phosphore à froid.

On introduit (*fig. 7*) un bâton de phosphore dans une éprouvette contenant un volume connu d'air et renversée sur une cuve à mercure. Le phosphore s'entoure de fumées blanches qui vont se dissoudre dans un peu d'eau, que l'on a eu soin de laisser à la surface du mercure; en même temps le volume du gaz diminue. L'expérience est terminée au bout de quelques heures et le volume du gaz restant, qui est de l'azote atmosphérique, peut être mesuré.

On peut opérer plus rapidement en chauffant le phosphore dans une sorte de tube à essai légèrement recourbé (cloche courbe) (*fig. 8*) et muni d'un renflement destiné à recevoir le phosphore. La combustion des vapeurs de phosphore est accompagnée de la production d'une flamme qui

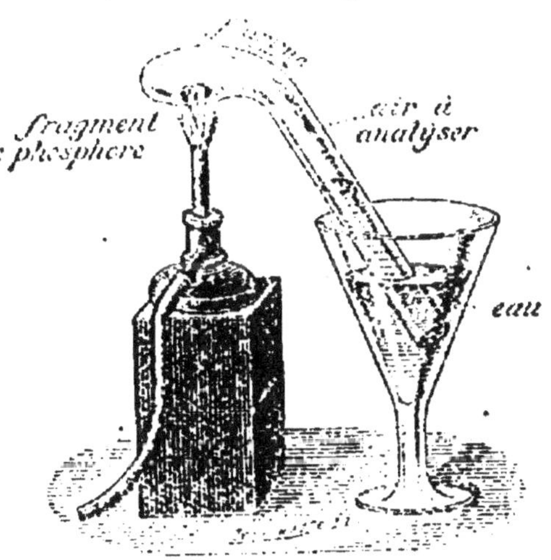


Fig. 8. — Analyse de l'air par le phosphore à chaud.

descend dans le tube et qui disparaît lorsqu'elle atteint le niveau de l'eau. On mesure le gaz après refroidissement.

D'ailleurs on peut diriger l'expérience de façon à peser l'air avant l'expérience et l'azote atmosphérique restant· Dans les deux cas, on obtient la proportion d'oxygène par différence.

**Résultats. —** *Composition en volumes :*

| | |
|---|---|
| Azote atmosphérique.. | 79 centimètres cubes |
| Oxygène............ | 21 — |
| Air.......... | 100 centimètres cubes |

On pourra souvent simplifier ces nombres et les remplacer par 80 d'azote et 20 d'oxygène, ou dire que l'air renferme environ, en volumes, un cinquième d'oxygène et quatre cinquièmes d'azote.

*Composition en poids :*

| | |
|---|---|
| Azote atmosphérique......... | 77 grammes |
| Oxygène.................. | 23 — |
| Air.................. | 100 grammes |

On remarquera que la composition en poids n'est pas exprimée par les mêmes nombres que la composition en volumes. Il en est presque toujours ainsi, car des volumes égaux de divers corps n'ont pas le même poids.

**24. Propriétés physiques de l'air. —** Les propriétés physiques les plus importantes sont souvent utilisées pour reconnaître les corps.

L'air est incolore, et nous ne lui attribuons ni odeur, ni saveur. Il est pesant : un litre d'air mesuré dans les conditions normales (0) pèse $1^{gr},293$ ou, plus simplement, $1^{gr},3$.

L'air est très peu soluble dans l'eau, qui n'en dissout que $0^{lit},03$ (ou 30 centimètres cubes) par litre à 0°.
Il est très difficile à liquéfier (¹).

**25. Applications.** — 1° L'air est indispensable à notre **respiration.** Nous avons vu qu'il intervient alors par son oxygène;

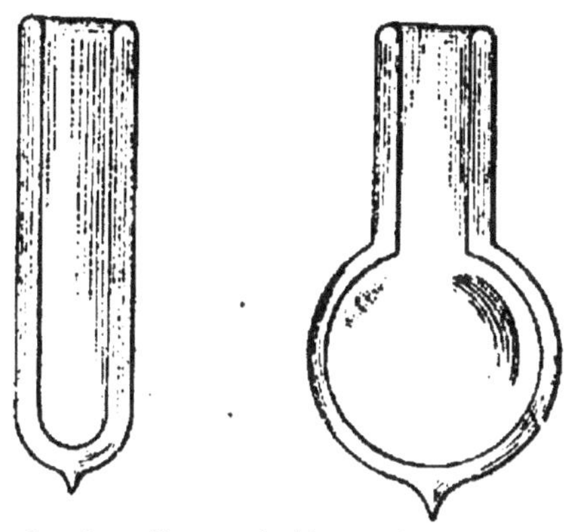

Fio. 9. — Vases à double enveloppe pour la conservation de l'air liquide.

2° Il entretient et active les combustions et joue, encore par son oxygène, un rôle essentiel dans nos moyens de **chauffage** et d'**éclairage**;

3° On l'utilise à l'état liquide dans quelques applications. A cet état, il bout à — 190° sous la pression atmosphérique et sa vaporisation peut servir à la **production des basses températures.** — On le manie et on le conserve dans des vases (*fig.* 9) à deux enveloppes parallèles en verre (parfois argenté), entre lesquelles on a fait un vide aussi parfait que possible;

4° L'air est une **source inépuisable d'oxygène et d'azote** pour l'industrie chimique.

(¹) Les gaz peu solubles dans l'eau sont, en général, très difficiles à liquéfier.

# CHAPITRE III

## OXYGÈNE. COMBUSTIONS

**26. État naturel.** — L'oxygène, que nous avons rencontré en étudiant l'air, est abondamment répandu dans la nature.

On le trouve en effet non seulement **dans l'air, mais dans l'eau, et dans la plupart des matières minérales et des matières organiques.**

**27. Propriétés physiques.** — C'est un gaz incolore, auquel nous n'attribuons ni odeur, ni saveur.

Il est un peu plus dense que l'air : un litre d'oxygène mesuré dans les conditions normales, pèse $1^{gr},43$. Sa densité par rapport à l'air ($^1$) est donc : $1,43 : 1,3 = 1,1$.

L'oxygène est très difficile à liquéfier, et il est très peu soluble dans l'eau, qui n'en dissout que $0^{lit},04$ (ou 40 centimètres cubes) par litre, à $0°$, sous la pression normale.

($^1$) On appelle densité d'un gaz par rapport à l'air le rapport du poids d'un volume quelconque du gaz au poids du même volume d'air, dans les mêmes conditions de température et de pression.

**28. Propriétés chimiques.** — *Les corps que nous appelons combustibles brûlent dans l'oxygène beaucoup mieux que dans l'air.* — Nous avons pu le constater (12), en observant qu'une allumette éteinte et présentant encore quelques points rouges se rallume avec éclat dans une éprouvette pleine d'oxygène.

Nous pouvons réaliser d'autres combustions plus intéressantes :

Un morceau de **charbon** de bois, préalablement rendu incandescent dans l'air, brûle vivement en projetant des étincelles lorsqu'on l'introduit dans un flacon d'oxygène. Après la combustion, on peut constater que le flacon contient un gaz incolore, le **gaz carbonique,** troublant l'eau de chaux. Ce gaz est une combinaison de carbone et d'oxygène.

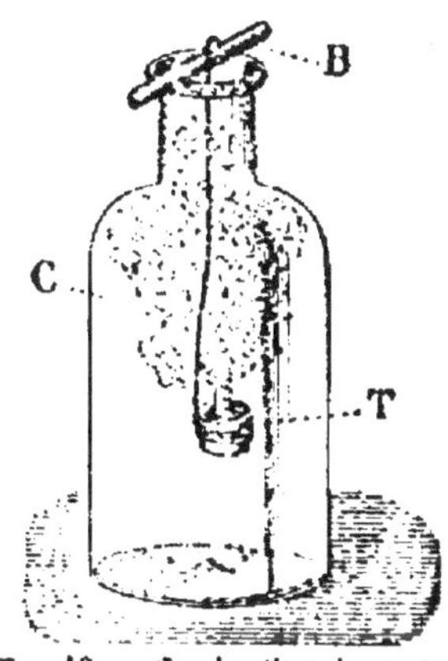


Fig. 10. — Combustion du soufre ou du phosphore dans l'oxygène.

Un morceau de **soufre,** corps solide jaune, placé dans une petite coupelle et chauffé doucement, fond, puis s'enflamme dans l'air en produisant une flamme bleue. La combustion s'accélère et la flamme bleue prend une plus vive intensité si l'on introduit (*fig.* 10) alors le soufre dans un flacon d'oxygène en soutenant la coupelle par un fil de fer. Après la combustion, le flacon contient un gaz incolore, d'odeur suffocante, le **gaz sulfureux,** combinaison de soufre et d'oxygène.

Si l'on verse de l'eau dans le flacon, le gaz sulfureux s'y dissout et fournit un liquide ayant une saveur aigre que nous appellerons acidité. Ce caractère nouveau, qui prendra dans la suite une grande importance, se reconnaît généralement à l'aide d'un réactif appelé **teinture de tournesol.** C'est un liquide bleu violacé, qui rougit au contact de la dissolution du gaz sulfureux. Cette réaction définira provisoirement des corps que nous appellerons **acides.**

Un fragment de **phosphore** bien essuyé et placé avec précautions sur une petite coupelle, s'enflamme dans l'air si l'on vient à le toucher avec un corps chaud ; introduit alors dans l'oxygène de la même façon que le soufre (*fig.* 10), il brûle avec une flamme éblouissante en donnant une épaisse fumée blanche formée par un corps solide, l'**anhydride phosphorique,** combinaison de phosphore et d'oxygène. Ce corps, soluble dans l'eau, fournit avec elle un liquide acide.

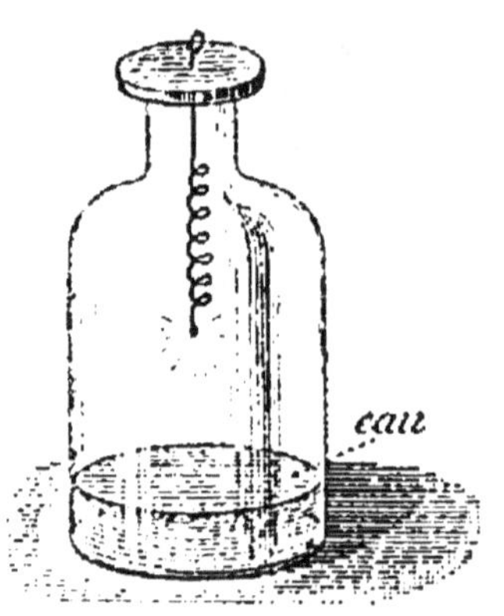

Fig. 11. — Combustion du magnésium ou du fer dans l'oxygène

Un ruban de **magnésium** peut s'enflammer dans l'air au contact d'une flamme ; la combustion se continue avec une vivacité remarquable et une lueur intense dans l'oxygène (*fig.* 11) avec production d'une poudre blanche, la **magnésie** ou **oxyde de magnésium,** combinaison de magnésium et d'oxygène. Ce corps ne rougit pas la teinture de tournesol ; il peut même bleuir la teinture rougie. Nous reviendrons plus tard sur ce fait.

Un fil fin (ou un ruban) de **fer** (ou d'acier, ressort

de montre) préalablement enroulé en spirale et muni à l'une de ses extrémités d'un petit morceau d'amadou, est introduit dans un flacon d'oxygène (*fig.* 11) après l'inflammation de l'amadou; le fer chauffé par la combustion de l'amadou se met lui même à brûler dans l'oxygène en projetant de tout côté des étincelles brillantes analogues à celles que l'on obtient en martelant le fer incandescent. Le fer disparaît ainsi peu à peu, et l'on voit de temps en temps se détacher de l'extrémité incandescente des globules fondus qui viennent s'incruster au fond du flacon dans lequel on a eu soin de laisser une couche d'eau. Après l'expérience on peut constater que les globules solidifiés ne ressemblent plus au fer primitif; ils constituent un **oxyde de fer,** combinaison de fer et d'oxygène.

**29. Combustions vives.** — Les combustions qui précèdent sont accompagnées d'un **dégagement de chaleur** assez intense et assez rapide pour porter les corps à l'incandescence. C'est ce qui fait dire que ces combustions sont vives. L'activité de ces phénomènes ne peut être entretenue que par le renouvellement de l'oxygène autour du corps combustible.

**30. Combustions lentes.** — Les corps combustibles sont parfois susceptibles de subir, dans l'oxygène ou dans l'air, des modifications profondes qui aboutissent à la formation de produits analogues à ceux des combustions vives, mais sans donner lieu à des phénomènes d'incandescence.

Ainsi, le fer exposé à l'air humide se transforme lentement en un corps brun, la rouille; ce corps n'est pas identique à l'oxyde qui résulte de la combustion vive du fer, mais sa formation est accompagnée de la disparition du fer et d'une quantité convenable d'oxygène. On dit encore qu'il y a eu combustion, mais combustion lente. Des observations précises ont montré que les combustions lentes sont accompagnées de la production de chaleur, comme les combustions vives. Mais ce fait peut passer inaperçu si la lenteur du phénomène permet à la chaleur de se dissiper au fur et à mesure de sa formation.

Si le renouvellement de l'oxygène peut se faire rapidement autour du corps combustible et surtout si celui-ci est divisé en menus fragments, une combustion, d'abord lente, peut dégager assez de chaleur pour élever la température et se transformer en combustion vive. C'est ainsi que le phosphore peut, si on le manie sans précautions en menus fragments, s'enflammer spontanément au contact de l'air.

Il n'y a donc, en définitive, aucune différence réellement profonde entre les combustions vives et les combustions lentes.

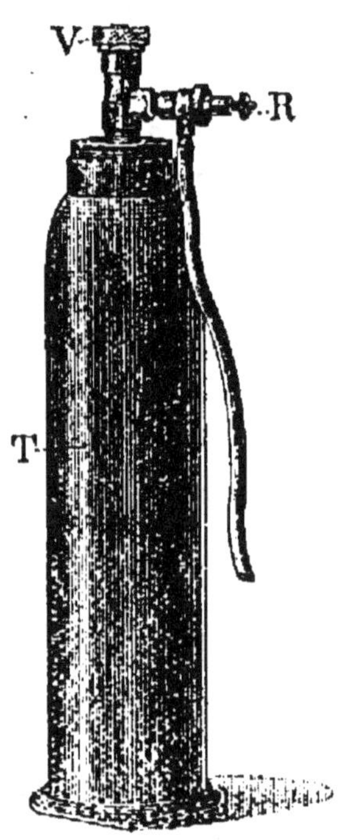

Fig. 12. — T. Récipient en acier pour oxygène comprimé.
V. R. Robinets à vis.

**81. Sources d'oxygène.** — Les grandes sources d'oxygène sont l'air et l'eau. L'industrie s'adresse à ces sources pour préparer l'oxygène qui est généralement livré aux consommateurs dans des tubes en

acier (*fig*. 12), où il est comprimé à une pression de
120 atmosphères, de façon à occuper un faible
volume.

**32. Extraction de l'oxygène de l'air.** — On peut extraire l'oxygène de l'air de plusieurs façons. Le procédé le plus récent consiste à liquéfier l'air et à soumettre le liquide à une évaporation progressive ;
l'azote reprend l'état gazeux plus facilement que l'oxygène, et les deux gaz se trouvent ainsi séparés presque
complètement. Cette méthode exige des appareils
compliqués

**33. Extraction de l'oxygène de l'eau.** — Nous verrons
plus loin que l'eau contient de l'oxygène que l'on peut
obtenir facilement en décomposant ce liquide par
un courant électrique (68).

**34. Préparation des laboratoires.** — Les laboratoires qui ne peu-
vent pas se pro-
curer facilement
l'oxygène indus-
triel préparent ce
gaz en s'adressant
à des produits fa-
ciles à transporter.

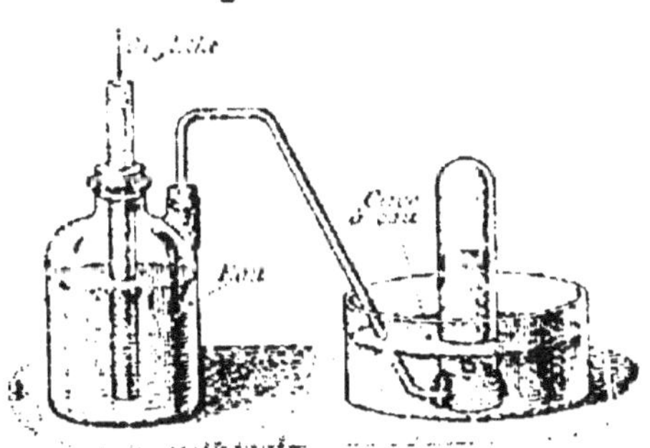
Fig. 13. — Préparation de l'oxygène à l'aide de
l'oxylithe.

*a.*Emploi de l'oxy-
lithe. — L'un des
plus commodes est connu dans le commerce sous le
nom d'*oxylithe*. Nous étudierons plus loin sa nature.
Il suffira, pour l'instant, de savoir que ce corps solide,

que l'on conserve à l'abri de l'air humide dans des boîtes métalliques, dégage de l'oxygène au contact de l'eau.

L'opération se fait facilement dans un flacon à deux tubulures (*fig.* 13). On remplit le flacon d'eau et on introduit l'oxylithe (¹) en petits fragments, au fur et à mesure des besoins, par un large tube qui descend dans le liquide. L'oxygène se dégage aussitôt. On le recueille dans des éprouvettes ou dans des flacons sur la cuve à eau.

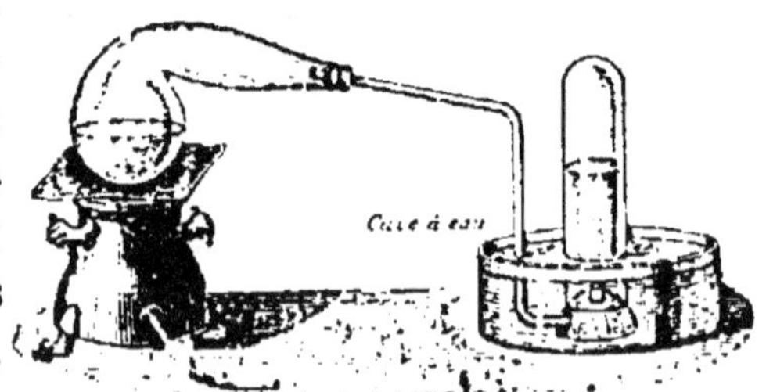


Fio. 14. — Préparation de l'oxygène à l'aide du chlorate de potassium.

*b.* **Emploi du chlorate de potassium.** — Ce corps, dont nous apprendrons plus tard (300) à connaître la composition, est un produit industriel. Soumis à l'influence de la chaleur, il dégage de l'oxygène.

On chauffe le chlorate dans une cornue (*fig.* 14) munie d'un tube abducteur se rendant dans une cuve à eau.

La décomposition du *chlorate de potassium* est parfois dangereuse; on la régularise en mélangeant au chlorate un poids de *bioxyde de manganèse* égal au sien.

**35. Applications.** — Elles sont nombreuses :

1° Dans l'air, l'oxygène est l'élément actif de la res-

______

(¹) On devra manier l oxylithe avec une extrême prudence et éviter de mettre ce corps en contact avec des matières combustibles.



2

piration, **des combustions usuelles** et de beaucoup **d'opérations industrielles** que nous rencontrerons plus tard ;

2° On fait respirer de l'oxygène aux personnes affaiblies ; les aéronautes et les ascensionnistes l'emploient pour combattre les étourdissements qu'ils éprouvent aux grandes altitudes ;

3° Il sert à alimenter mieux que l'air les **combustions vives** du gaz d'éclairage et de nombreux gaz

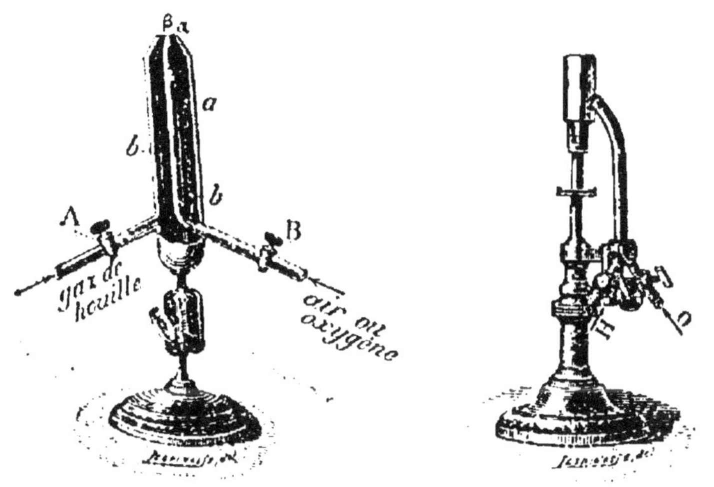


Fig. 15. — Chalumeau.

Fig. 16. — Lampe de Drummond

combustibles. On emploie pour cela l'appareil appelé **chalumeau** (*fig.* 15), qui se compose essentiellement de deux tubes concentriques *a* et *b* ; le tube extérieur *a* reçoit le gaz combustible, le tube intérieur *b* reçoit l'oxygène. Dans ces conditions, la flamme peut atteindre une température très élevée et peut être utilisée pour le **travail des métaux** difficilement fusibles : fusion du platine, de l'acier, etc.; soudure, brasure.

On emploie également le chalumeau pour obtenir de la **lumière**; il suffit de faire jaillir la flamme de l'appareil sur un bâton de chaux, qui ne fond pas dans ces conditions, mais qui devient rapidement éblouissant.

Ce dispositif (lumière Drummond) (*fig.* 16) peut être utilisé dans les lanternes de projection.

# CHAPITRE IV

## AZOTE

**36. État naturel.** — L'azote atmosphérique, mélange gazeux que nous avons obtenu en enlevant l'oxygène à l'air, est formé surtout par un gaz appelé **azote chimique,** auquel se trouvent associés en minime quantité plusieurs gaz dont nous ferons abstraction. L'azote atmosphérique se confondra, pour nous, avec l'azote, qui se rencontre en abondance dans de nombreux produits minéraux ou organiques.

**37. Propriétés physiques.** — C'est un gaz incolore, auquel nous n'attribuons ni odeur, ni saveur.

Il est un peu moins dense que l'air : un litre d'azote mesuré dans les conditions normales pèse $1^{gr},26$. Sa densité par rapport à l'air est donc $1^{gr},26 : 1,3 = 0,97$

L'azote est très difficile à liquéfier et très peu soluble dans l'eau qui n'en dissout que $0^{lit},02$ (ou 20 centimètres cubes) par litre, à $0°$ sous la pression normale.

**38. Propriétés chimiques.** — L'azote n'entretient ni les combustions usuelles, ni la respiration ; une allumette ou une bougie bien allumées s'y éteignent. Il en est de même des divers corps que nous avons pu faire brûler dans l'oxygène.

Disons à ce propos que l'oxygène et l'azote qui se trouvent dans l'air ne sont, en quelque sorte, que juxtaposés et gardent leurs propriétés particulières. Ainsi l'air doit à la présence de l'oxygène la propriété qu'il possède d'entretenir les combustions; l'azote qui s'y trouve étant inerte vis-à-vis des combustibles usuels, modère cette activité de l'oxygène en le diluant, à peu près comme l'eau que l'on ajoute au vin.

C'est ce que nous exprimerons en disant que **l'air est un mélange et non une combinaison d'azote et d'oxygène.**

L'azote n'est pas combustible, au sens usuel du mot; mais cela ne veut pas dire que l'on ne puisse pas le combiner à l'oxygène. Nous verrons plus tard que l'on peut combiner ces deux corps et obtenir des produits très importants.

**39. Préparation de l'azote.** — On peut extraire l'azote de l'air, qui constitue la source la plus abondante de ce gaz, puisqu'il s'y trouve dans la proportion de 4/5 en volumes.

*a.* **Par liquéfaction.** — On liquéfie l'air et on abandonne le liquide à l'évaporation (32). L'azote se dégage le premier et se trouve ainsi séparé de l'oxygène.

*b.* **Par le cuivre chauffé au rouge.** — Le *cuivre,* métal rouge, chauffé dans l'air, se combine à l'oxygène et peut servir à obtenir l'azote dans des conditions analogues à celles de l'expérience de Lavoisier (13), mais plus rapidement.

On introduit des copeaux (tournure) de cuivre M (*fig.* 17) dans un tube T, que l'on chauffe et l'on dirige lentement dans le tube un courant d'air A chassé d'un flacon F par un courant d'eau. Le gaz azote n'est pas retenu par le cuivre et se rend en B dans une éprouvette pleine d'eau et renversée sur une cuve à eau.

Après l'expérience, le cuivre est recouvert d'un dépôt noir, qui est une combinaison de cuivre et d'oxygène, l'oxyde de cuivre.

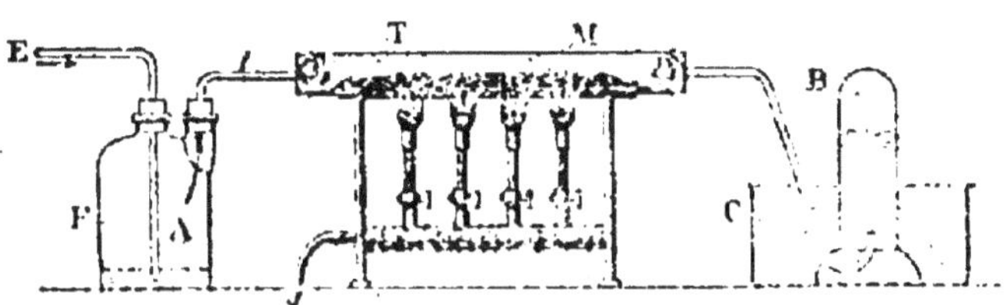

Fig. 17. — Préparation de l'azote à l'aide du cuivre chauffé au rouge.

Remarque I. — La similitude de cette expérience avec celle de Lavoisier (15) est évidente, mais le cuivre n'aurait pas aisément remplacé le mercure dans l'analyse de l'air, car il eût été très difficile de séparer ensuite le cuivre et l'oxygène combinés.

Remarque II. — Toutefois il est possible de conduire l'expérience de façon à la transformer en analyse de l'air en poids. On obtient ainsi la composition centésimale en poids trouvée par d'autres moyens (23).

**40. Applications.** — L'azote n'est intéressant que par ses composés; certains de ces composés font partie essentielle des tissus animaux et végétaux et constituent des aliments indispensables aux organismes vivants.

# CHAPITRE V

# CORPS COMPOSÉS. CORPS SIMPLES
# PRINCIPE DE LA CONSERVATION DE LA MATIÉRE

**41. Corps composés.** — L'étude de l'air nous a permis de constater, avec Lavoisier, que l'oxyde de mercure, corps rouge qui résulte du chauffage du mercure au contact de l'oxygène ou de l'air, se dédouble en mercure et oxygène lorsqu'on le chauffe fortement (15). Le poids de chacun des corps obtenus est inférieur au poids de l'oxyde employé. De plus, ces corps se manifestent à nous par des propriétés bien différentes de celles de l'oxyde. Il est naturel de dire, dans ces conditions que le mercure et l'oxygène sont des composants du produit initial, ou que celui-ci est un corps composé.

Il en sera ainsi toutes les fois que nous pourrons, par analyse, extraire d'un corps au moins deux espèces de matière.

La synthèse conduit à des conclusions analogues : le cuivre, métal rouge, chauffé en présence de l'oxygène, donne un produit noir, l'oxyde de cuivre, doué de propriétés nouvelles; sa formation est accompagnée de la disparition d'une certaine quantité de cuivre et d'oxygène. Nous dirons que c'est un corps composé.

Les produits de l'altération des métaux par l'oxygène (14) sont des corps composés. Le gaz carbonique, le gaz sulfureux, l'anhydride phosphorique produits par les combustions respectives du charbon, du soufre, du phosphore dans l'oxygène, sont des corps composés.

Les corps nombreux que nous offre la nature ou que l'on obtient dans les laboratoires et dans l'industrie sont, en majeure partie, des corps composés.

**42. Corps simples.** — Il y a un petit nombre de corps que nous ne savons pas décomposer, c'est-à-dire que de chacun d'eux nous ne pouvons pas extraire plus d'une espèce de matière.

C'est le cas du mercure, du cuivre, de l'oxygène, du soufre, du phosphore.

On donne à de pareils corps le nom de **corps simples ou éléments.** Vu le nombre restreint de ces corps (on n'en connaît que 80 environ), il sera commode de définir un corps composé en indiquant la nature des corps simples qui le composent et les proportions relatives des composants.

Voici les noms des corps simples que nous rencontrerons le plus souvent.

Les plus nombreux sont des corps solides (les solides usuels sont inscrits en caractères gras) :

| | | |
|---|---|---|
| **Aluminium,** | **Etain,** | **Platine,** |
| **Argent,** | **Fer,** | **Plomb,** |
| Calcium, | **Nickel,** | Sodium, |
| **Carbone,** | **Or,** | **Soufre,** |
| **Cuivre,** | Phosphore, | **Zinc.** |

L'un est liquide : le Mercure.

Quelques-uns sont des gaz :

| | |
|---|---|
| Azote, | Hydrogène, |
| Chlore, | Oxygène. |

**43. Principe de la conservation de la matière.** — *Lorsqu'un métal est chauffé au contact de l'air ou de l'oxygène, son poids augmente et l'augmentation de poids est égale au poids de l'oxygène qui s'est combiné au métal.*

Ainsi 100 grammes de mercure se combinent à 8 grammes d'oxygène pour donner 108 grammes d'oxyde de mercure.

Ces faits sont généraux. Lavoisier a montré le premier en contrôlant, à l'aide de la balance, les modifications les plus variées, que toutes les transformations chimiques auxquelles nous pouvons soumettre la matière sont dominées par le principe suivant :

**Le poids d'un composé est égal à la somme des poids des composants.**

Nous considérerons cet énoncé comme signifiant que la quantité de chaque matière se conserve au cours des transformations que nous faisons subir aux divers corps. Comme le disait Lavoisier, **rien ne se perd, rien ne se crée.**

## CHAPITRE VI

# EAU PURE. MÉLANGES ET COMBINAISONS
# LOI DES PROPORTIONS DÉFINIES

**44. L'eau dans la nature.** — L'eau abonde dans la nature ; à l'état liquide, elle forme les mers, les lacs et les rivières ; à l'état solide, elle s'accumule sur les montagnes et forme les glaciers ; à l'état de vapeur, elle se répand incessamment dans l'atmosphère pour donner lieu aux nuages, à la pluie, à la rosée. Nous allons rechercher ce qu'il y a de commun à toutes ces formes de matière, que l'on s'accorde à désigner sous le nom d'eaux naturelles.

**45. Distillation de l'eau.** — Si l'on fait bouillir de l'eau et si l'on dirige sur un corps froid la vapeur qui se dégage, on voit celle-ci se condenser en gouttelettes qui ruissellent pour donner de l'eau liquide. Il est intéressant de recueillir cette eau et de la comparer à l'eau primitive.

Pour cela, on peut faire bouillir l'eau dans un ballon et l'on envoie la vapeur dans un tube de verre incliné autour duquel on fait circuler de l'eau froide (*fig.* 18). L'eau résultant de la condensation de la vapeur s'écoule dans un récipient. L'opération ainsi réalisée porte le nom de **distillation**, et l'eau qui en résulte s'appelle **eau distillée**.

Quelle que soit l'eau naturelle employée, l'eau distillée qui en résulte a des propriétés qui diffèrent légèrement de celles de l'eau primitive, mais qui sont

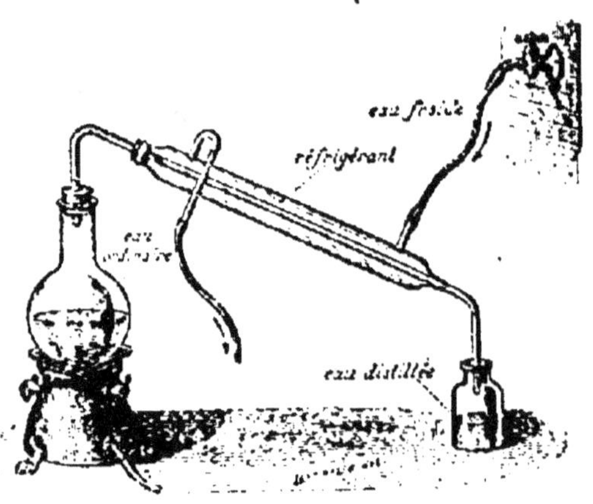


Fig. 18. — Distillation de l'eau.

les mêmes pour toutes les eaux distillées. De plus, les propriétés ne se modifient plus par de nouvelles distillations effectuées sur les eaux distillées.

**Par distillation, toutes les eaux naturelles nous fournissent donc un corps unique, bien déterminé, auquel nous donnerons le nom d'eau pure.**

Nous commencerons par étudier l'eau pure, et nous rechercherons ensuite les différences qui la séparent des eaux naturelles.


**46. Propriétés physiques.** — Elles sont longuement étudiées dans le cours de physique. Nous ne citerons ici que les propriétés les plus simples.

*a*. **Eau liquide.** — Elle est incolore, inodore et possède, lorsqu'elle est pure, une saveur fade.

Un centimètre cube d'eau, mesuré à la température de 4° (Voir le *Cours de physique*), pèse un gramme.

*b*. **Eau solide.** — Par refroidissement, l'eau se soli-

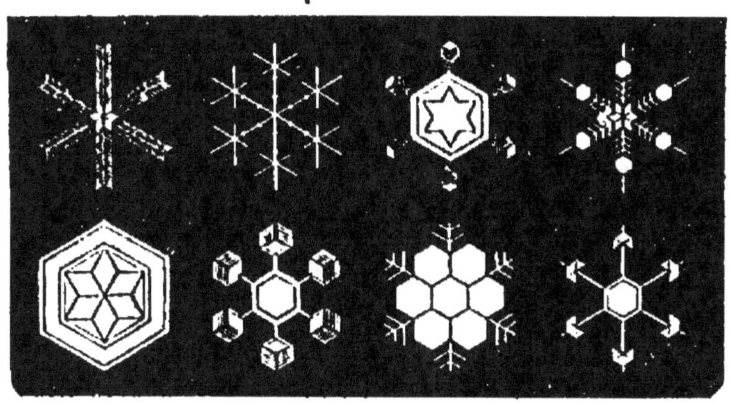

Fig. 19. — Cristaux de glace.

difie en subissant une augmentation de volume capable de produire la rupture des récipients lorsqu'ils sont pleins d'eau et fermés.

Cette augmentation de volume a comme conséquence une diminution de densité; à volume égal, la glace pèse moins que l'eau liquide et flotte à la surface de l'eau : un centimètre cube de glace pèse $0^{gr},92$.

Lorsque l'eau se solidifie lentement, elle fournit des parcelles de glace affectant des formes géométriques régulières, faciles à observer au microscope (*fig*. 19) Ce phénomène, très général, porte le nom de **cristallisation.**

La température de solidification de l'eau ou de fusion de la glace a été prise comme zéro de l'échelle des températures.

c. **Eau à l'état de vapeur.** — L'eau bout à 100° sous la pression atmosphérique normale (9) et passe à l'état de vapeur en éprouvant un accroissement de volume considérable : **1** gramme d'eau peut fournir environ **1.700** centimètres cubes de vapeur.

**47. Propriétés dissolvantes.** — On a vu (11) en quoi consiste le phénomène de la dissolution. **L'eau est un dissolvant précieux de nombreux corps solides, liquides, gazeux.**

Lorsque le corps dissous est un solide, l'évaporation de l'eau fait reprendre au corps dissous son état solide; nous profiterons de cette circonstance pour séparer divers solides les uns des autres.

**48. Analyse de l'eau.** — L'eau est-elle un corps composé? L'emploi de la chaleur, qui nous a servi à analyser l'oxyde de mercure (15) ne permet pas de résoudre aussi facilement la question dans le cas de l'eau. Nous utiliserons un **courant' électrique**, phénomène complexe dont nous voyons les applications surgir de toutes parts autour de nous (éclairage électrique, sonneries électriques, télégraphe, téléphone, moteurs électriques).

Un courant électrique est conduit par un fil métallique relié aux deux pôles d'une pile ou d'un accumulateur. Son passage est manifesté par des phénomènes variés, dont le plus simple est l'échauffement du fil conducteur. Enfin il n'y a un courant que si les deux pôles de la pile (source électrique) sont réunis par une série ininterrompue de conducteurs formant ce que l'on appelle un **circuit.**

Essayons de faire passer un courant électrique dans



3

l'eau ; pour cela plongeons dans le liquide deux lames de platine (électrodes) réunies aux deux pôles d'une pile. Si l'eau est pure, il est impossible de manifester le passage du courant.

Il n'en est plus de même si l'eau contient en dissolution diverses substances.

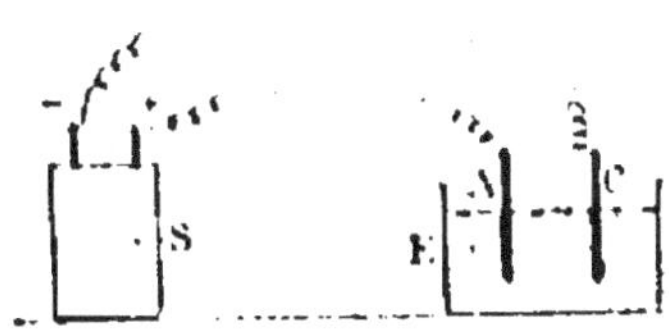

Fig. 20. — Décomposition d'un liquide par un courant électrique.
S, source électrique ;
A, anode (reliée au pôle positif) ;
C, cathode (reliée au pôle négatif).

Versons dans l'eau quelques gouttes d'un liquide que nous apprendrons à connaître sous le nom d'*acide sulfurique*; aussitôt le courant passe dans le circuit.

En même temps, de fines bulles gazeuses apparaissent autour des lames de platine et se dégagent dans l'eau (*fig*. 20).

Il est possible de recueillir ces gaz en recourbant les lames (*fig*. 21) et en les recouvrant chacune d'une éprouvette pleine d'eau (¹).

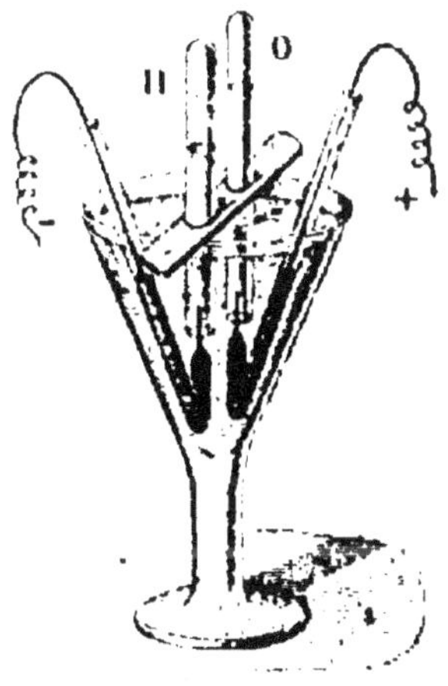

Fig. 21. — Électrolyse de l'eau. Les électrodes sont formées par des fils de platine scellés aux extrémités effilées de deux tubes de verre recourbés et contenant du mercure qui sert à amener le courant aux électrodes.

On observe que les volumes des deux gaz sont, à chaque instant, différents. L'un est double de l'autre;

(¹) L'appareil reçoit parfois le nom de *voltamètre*.

c'est celui qui se dégage autour de la lame, appelée **cathode,** reliée au pôle négatif de la pile. Au contact d'une flamme, ce gaz brûle avec une flamme à peine visible; on l'appelle **hydrogène.** L'autre gaz, dégagé autour de la lame, dite **anode,** reliée au pôle positif, présente tous les caractères de l'**oxygène** et, en particulier, il rallume une allumette ne présentant que quelques points incandescents.

D'ailleurs, si l'on prolonge l'action du courant, on constate que la quantité d'eau diminue peu à peu, et l'on peut montrer (par une longue analyse) que l'acide sulfurique est resté inaltéré.

Le courant a ainsi réalisé le dédoublement de l'eau en deux corps gazeux différents : l'oxygène et l'hydrogène, **le volume de l'hydrogène étant double de celui de l'oxygène.**

L'eau pure est donc un corps composé et l'expérience précédente est une analyse de ce corps. On rappelle le rôle du courant électrique en donnant à ce mode de décomposition le nom d'**électrolyse.**

**49. Synthèse de l'eau.** — Réunissons l'hydrogène et l'oxygène séparés par l'électrolyse de l'eau; il suffira, pour cela, de recueillir les deux gaz dans la même éprouvette.

Nous obtenons alors un mélange gazeux qui n'offre d'abord aucune particularité. Mais, si nous approchons une flamme de l'orifice de l'éprouvette, une explosion se produit et une fine buée de gouttelettes d'eau apparaît sur les parois intérieures de l'éprouvette. Nous pouvons réaliser cette expérience dans des conditions plus précises en opérant à l'abri de l'air dans un appareil appelé **eudiomètre.** C'est une éprouvette graduée(¹), à parois épaisses, dont le fond est traversé par deux fils de platine entre lesquels on peut fair jaillir une étincelle électrique.

L'eudiomètre étant plein de mercure et renversé sur une cuve à mercure (*fig.* 22), transvasons (5) dans l'appareil des volumes connus d'hydrogène et d'oxygène, par exemple :

10 centimètres cubes d'hydrogène } Mesurés à la même tempéra-
10 — d'oxygène } ture et à la même pression.

Fig. 22. — Eudiomètre.

Faisons jaillir une étincelle entre les fils de platine en réunissant ces fils aux deux pôles d'une bobine de Ruhmkorff. Une lueur apparaît dans le mélange gazeux; après refroidissement, on mesure le résidu ramené aux conditions initiales de température et de pression. On trouve 5 centimètres cubes d'oxygène entièrement absorbable par du phosphore.

Il s'est formé de l'eau condensée en quelques gouttelettes peu visibles.

La formation de cette eau est donc accompagnée de la disparition des volumes :

10 centimètres cubes d'hydrogène
5 — d'oxygène

qui sont entre eux comme 2 et 1, comme nous l'avait montré l'électrolyse.

(¹) Un vase *gradué* est un récipient sur lequel sont tracés des traits dont les intervalles correspondent à des *volumes connus*.

**L'eau pure est donc bien un composé formé exclusivement d'hydrogène et d'oxygène.** Nous venons de réaliser sa synthèse dans l'eudiomètre.

**50. Composition de l'eau en poids.** — Il est possible de réaliser l'analyse et la synthèse de l'eau de façon à peser les composants et le composé. On a trouvé par des méthodes très variées que, dans tous les cas, le poids de l'eau formée est égal à la somme des poids d'hydrogène et d'oxygène qui contribuent à sa formation. C'est une nouvelle vérification de la loi de Lavoisier.

Quant aux poids respectifs d'hydrogène, d'oxygène et d'eau ils sont entre eux comme :

$$\left. \begin{array}{l} 2 \text{ grammes d'hydrogène} \\ 16 \quad — \quad \text{d'oxygène..} \end{array} \right\} \text{Corps composants}$$

$$\overline{18} \quad — \quad \text{d'eau......} \quad \text{Corps composé}$$

**51. Formule de l'eau.** — Convenons de représenter :

$$1 \text{ gramme d'hydrogène par } H$$
$$16 \text{ grammes d'oxygène par } O$$

Les résultats des analyses et des synthèses de l'eau s'exprimeront alors en disant que 2 grammes d'hydrogène ou 2H s'unissent à 16 grammes d'oxygène ou O pour former 18 grammes d'eau que nous représenterons par la formule : $H^2O$.

Rapprochons la composition en volumes de la composition en poids :

| | Volumes | Poids |
|---|---|---|
| Hydrogène................... | 2 | 2 |
| Oxygène................... | 1 | 16 |

Nous voyons que le poids **2** d'hydrogène occupe un volume double de celui qu'occupe le poids **16** d'oxygène. Donc : **1** gramme d'hydrogène représenté par **H** et **16** grammes d'oxygène représentés par **O occupent le même volume,** si on les mesure dans les mêmes conditions. Nous aurons à revenir sur ce fait important.

**52. Propriétés chimiques.** — Nous ne pourrons étudier utilement les propriétés chimiques de l'eau qu'après avoir étendu le domaine de nos connaissances élémentaires en chimie.

Demandons-nous seulement s'il ne serait pas possible, puisque l'eau contient de l'oxygène, de réaliser avec elle une expérience analogue à l'analyse de l'air par Lavoisier (15). Chauffons du mercure ou du cuivre en présence de l'eau; nous n'obtiendrons rien. Même résultat si l'on dirige un courant de vapeur d'eau sur du cuivre chauffé. Mais il n'en est plus de même si l'on opère avec le fer. L'eau est portée à l'ébullition dans une cornue (*fig.* 23) et la vapeur est envoyée dans un tube de porcelaine fortement chauffé et contenant un faisceau de fils de fer. A la sortie du tube, on peut recueillir, dans une éprouvette renversée sur la cuve à eau, un gaz qui présente tous les caractères de l'hydrogène.

Après refroidissement, on examine le fer et on constate qu'il s'est recouvert d'un dépôt brun identique à l'oxyde de fer (28) que nous avons obtenu en faisant brûler du fer dans l'oxygène.

**La vapeur d'eau a donc été décomposée en oxygène, qui s'est uni au fer, et en hydrogène, qui est resté libre.**

Cette décomposition fut utilisée en 1783 par Lavoisier pour réaliser la première analyse de l'eau, avant que l'on ait pu employer le courant électrique.

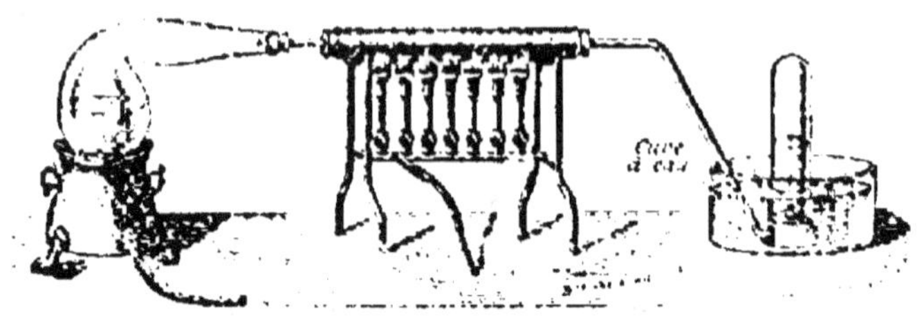

Fig. 23. — Décomposition de la vapeur d'eau par le fer chauffé au rouge.

Nous rencontrerons prochainement des corps susceptibles d'effectuer, plus facilement que le fer, la décomposition de l'eau.

**53. Mélanges et combinaisons.** — Nous avons déjà dit (38) que, dans l'air, l'oxygène et l'azote gardent chacun leur individualité, et nous avons exprimé ce fait en disant que ces gaz forment un mélange. Rien de semblable ne se produit avec l'eau ; ses propriétés ne rappellent plus celles de l'hydrogène et de l'oxygène qui ont contribué à sa formation.

Par exemple, l'eau n'entretient pas les combustions lentes des corps combustibles. Il n'est pas possible, par distillation, comme cela a lieu pour l'air liquide (32), de séparer les composants de l'eau.

Ce sont ces phénomènes que nous interprétons en disant que l'eau pure est, non pas un mélange, mais une combinaison.

**54. Loi des proportions définies.** — Nous pouvons mélanger les corps en proportions quelconques et obtenir avec deux corps une infinité de mélanges

Ainsi l'eau et le sucre peuvent nous fournir une infinité d'eaux sucrées, et l'on peut passer de l'une à l'autre en faisant varier graduellement les proportions respectives d'eau et de sucre.

Il n'en est plus de même pour les combinaisons; l'analyse chimique montre que les poids des corps combinés ne sont plus arbitraires.

Ainsi, l'oxyde rouge de mercure obtenu dans l'expérience de Lavoisier (15) contient toujours des poids de mercure et d'oxygène qui sont entre eux comme :

| mercure | oxygène |
|:---:|:---:|
| 100 | 8 |

quelles que soient les circonstances qui accompagnent la formation de la combinaison.

De même, l'eau pure est toujours formée par la combinaison de poids d'hydrogène et d'oxygène qui sont entre eux comme :

| hydrogène | oxygène |
|:---:|:---:|
| 1 | 8 |

Ces faits sont généraux et constituent le caractère le plus net de la combinaison chimique.

D'où la loi, dite loi des proportions définies: **Lorsque deux corps se combinent, les poids de ces corps, qui font partie d'une combinaison, sont entre eux dans un rapport constant, bien déterminé pour chaque combinaison.**

D'ailleurs, deux corps peuvent former plus d'une combinaison et la loi précédente s'applique à chacune d'elles. Le rapport des poids des composants pourra donc servir, lorsqu'on connaîtra la nature des composants, à reconnaître et à définir une combinaison.

# CHAPITRE VII

# EAUX NATURELLES. EAUX POTABLES

**55. Les eaux naturelles sont des mélanges complexes.** — Si l'on évapore une eau naturelle, on constate, lorsque toute l'eau a disparu, qu'il reste à sa place une fine poussière blanche ou grisâtre, formée par des corps solides qui étaient en dissolution dans l'eau. Ce fait s'explique si l'on observe que les sources d'eaux naturelles, constamment alimentées par les pluies, doivent dissoudre sur leur passage des substances diverses empruntées au sol.

Il serait prématuré d'indiquer ici la nature des substances solides dissoutes dans l'eau, car nous n'apprendrons que plus tard à les distinguer les unes des autres. Bornons-nous à dire qu'elles sont de deux sortes : substances minérales, comme le sel marin bien connu de tous, et le calcaire dont la craie est une variété ; substances organiques, de nature animale ou végétale.

**56. Gaz dissous dans l'eau.** — Une eau naturelle contient aussi des gaz en dissolution. On peut facilement s'en convaincre et recueillir ces gaz, en chauffant l'eau dans un ballon (*fig.* 24) fermé par un bouchon muni d'un tube abducteur se rendant sous une éprouvette placée sur une cuve à mercure.

Le ballon et le tube abducteur doivent être absolument pleins d'eau. Un peu avant l'ébullition, on voit se dégager de fines bulles qui vont se rassembler dans l'éprouvette.

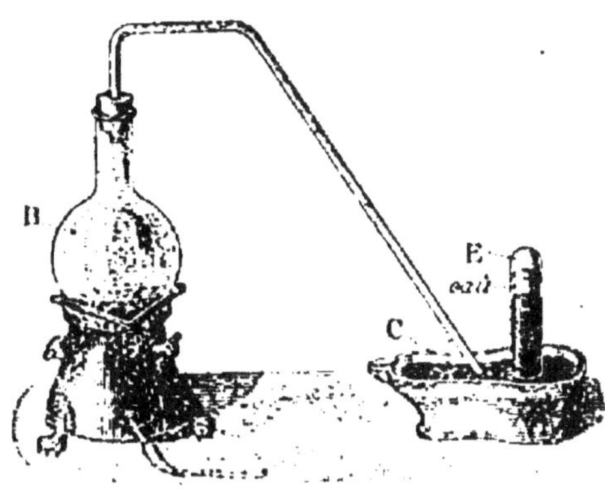

Fig. 24. — Extraction des gaz dissous dans l'eau.

Une analyse, effectuée comme l'analyse de l'air, montre que le contenu gazeux de l'éprouvette est un mélange des gaz de l'air : azote, oxygène, gaz carbonique, associés toutefois dans des proportions bien différentes de celles que l'on rencontre dans l'atmosphère. Ce fait s'explique si l'on remarque que chacun de ces gaz s'est dissous individuellement, avec la solubilité qui lui est propre. Il en est ainsi parce que l'air est un mélange.

**57. Résumé.** — En définitive, une eau naturelle est un mélange complexe de composition variable, contenant :

1° De l'eau proprement dite, combinaison d'hydrogène et d'oxygène ;

2° Des corps solides en dissolution ;

3° Des gaz en dissolution, parmi lesquels on trouve de l'oxygène, de l'azote, du gaz carbonique.

On voit qu'il ne faut pas confondre ces gaz dissous,

que l'on qualifie de **gaz libres**, avec **l'oxygène** et **l'hydrogène combinés**.

En particulier, c'est l'oxygène dissous qui entretient la respiration des animaux qui vivent dans l'eau; l'oxygène combiné ne joue aucun rôle dans le phénomène, car ces animaux périssent asphyxiés lorsqu'on les immerge dans de l'eau froide privée de gaz par une ébullition préalable.

**58. Eaux potables.** — Parmi les eaux naturelles, on en rencontre qui peuvent servir normalement à la boisson de l'homme et des animaux. On leur donne le nom d'*eaux potables*.

Elles doivent remplir les conditions suivantes :

1° *Etre fraîches, limpides, inodores et aérées* ;

2° *Contenir une petite quantité* ($0^{gr},6$ au plus par litre) *de substances minérales en dissolution* ;

3° *Etre exemptes le plus possible de matières organiques.*

La *fraîcheur* est utile pour que l'eau soit agréable à boire; sa température ne doit pas dépasser 16°.

La *limpidité* et *l'absence d'odeur* sont indispensables, car une eau trouble contient presque sûrement des matières organiques qui peuvent être dangereuses. Il en est de même si l'eau manifeste la moindre odeur.

L'*aération* est utile, car les gaz dissous dans l'eau contribuent, pour une bonne part, à lui donner un goût agréable. Une eau non aérée est indigeste.

Les *substances minérales* sont indispensables à cause de leurs qualités nutritives. La pratique a montré qu'une bonne eau potable contient, par litre, de $0^{gr},13$ à $0^{gr}.5$ de substances minérales. Au-dessus de $0^{gr},6$, les eaux sont indigestes et dites crues ou dures. Lorsque la dose est convenable, l'eau n'a qu'une saveur faible et agréable.

Une eau qui contient un excès de substances minérales est impropre, non seulement à la boisson, mais aux usages domestiques et industriels; elle donne des grumeaux avec le savon, durcit les légumes soumis à son action, au lieu de les cuire et forme des dépôts ou incrustations dans les chaudières des machines à vapeur.

Enfin les *matières organiques* se rencontrent souvent dans les eaux naturelles, mais il est indispensable, pour une eau destinée à l'alimentation, que ces matières soient inoffensives. Ce n'est pas ce qui a lieu lorsque l'eau est souillée par les produits de déjection de l'homme ou des animaux. La putréfaction de ces produits peut fournir des substances dangereuses pour l'homme; elle est d'ailleurs accompagnée de la présence d'un grand nombre d'organismes plus ou moins compliqués dont plusieurs peuvent engendrer des maladies (choléra, fièvre typhoïde, etc.).

**59. Épuration des eaux destinées à l'alimentation.** — On soumet à l'épuration les eaux qui, tout en remplissant la plupart des conditions imposées aux eaux potables, sont souillées par des matières organiques ou sont considérées comme suspectes.

La suppression des germes susceptibles de se développer porte le nom de **stérilisation**.

**60. Filtration.** — L'épuration la plus simple consiste en une **filtration**. La filtration à travers une couche de sable est souvent employée pour clarifier une eau trouble destinée à alimenter une ville, mais elle ne débarrasse pas l'eau des organismes microscopiques qui la rendent dangereuse.

Dans l'économie domestique, il est prudent de filtrer l'eau. A cet effet, on utilise des substances poreuses très variées, telles que sable, charbon de bois, porcelaine poreuse.

Les filtres en porcelaine sont les seuls qui présentent des garanties suffisantes.

Une forme bien connue est celle des bougies filtrantes (*fig.* 25) que l'eau traverse de l'extérieur vers l'intérieur. Ces filtres doivent être fréquemment nettoyés, car les germes qu'ils arrêtent finissent par pulluler. Le nettoyage des bougies s'effectue en les soumettant à un brossage énergique suivi d'un chauffage à 150°-200° pendant une heure.

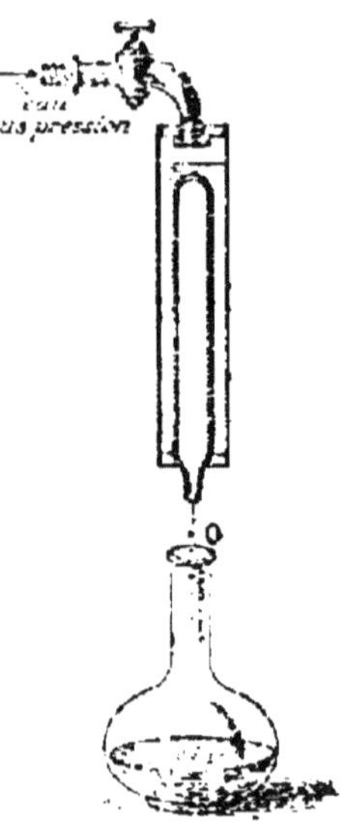


Fig. 25. — Filtration de l'eau. Le filtre a la forme d'une bougie creuse, en porcelaine poreuse, autour de laquelle on fait arriver de l'eau qui traverse la porcelaine et sort par l'orifice O.

**61. Stérilisation par la chaleur.** — On détruit sûrement tous les germes en portant l'eau à l'ébullition pendant quelques minutes. Après cette opération qui chasse les gaz dissous, il est indispensable d'agiter l'eau au contact de l'air pour l'aérer.

Sur les navires, l'eau de boisson est souvent obtenue par distillation de l'eau de mer. Elle est donc stérilisée et il ne reste plus qu'à l'aérer.

# CHAPITRE VIII

# HYDROGÈNE. LES RÉDUCTEURS

**62. État naturel.** — L'hydrogène, que nous avons rencontré en faisant l'électrolyse de l'eau, se trouve, non seulement dans l'eau, dont il forme le 1/9 en poids, mais en combinaison dans un grand nombre de matières minérales et de matières organiques.

**63. Propriétés physiques.** — C'est un gaz incolore, auquel nous n'attribuons ni odeur, ni saveur.

Il est excessivement difficile à liquéfier et très peu soluble dans l'eau, qui n'en dissout que $0^{lit},02$ (ou 20 centimètres cubes) par litre, à 0°, sous la pression normale.

**Faible densité.** — L'hydrogène est remarquable par sa faible densité; c'est en effet le plus léger de tous les gaz. Un litre d'hydrogène, dans les conditions normales, pèse $0^{gr},09$. Sa densité par rapport à l'air est donc $0,09 : 1,3 = 0,07$.

Des expériences simples mettent cette propriété en évidence :

1° L'hydrogène ne peut être conservé dans une éprouvette ouverte dans l'air que si l'ouverture est en bas; si l'on retourne l'éprouvette, elle se vide d'hydrogène et se remplit d'air, car son contenu n'est

plus inflammable. On peut montrer encore mieux ce
phénomène en transvasant, de bas en haut
(*fig.* 26) l'hydrogène d'une éprouvette dans
une autre d'abord pleine d'air. On profite souvent
de cette propriété pour ecueillir l'hydrogène
dégagé dans une expérience en le faisant arriver de bas en haut (*fig.* 27) dans une éprouvette renversée ;

2° Des bulles de savon gonflées avec de l'hydrogène s'élèvent dans l'at-

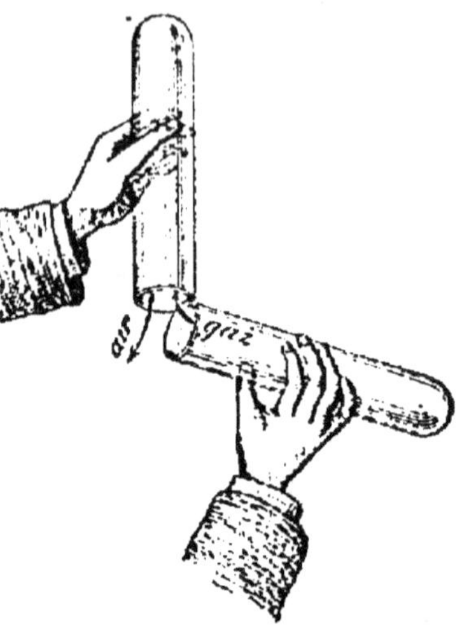


Fig. 26. — Transvasement de l'hydrogène
de bas en haut.

mosphère. Cette propriété est utilisée pour gonfler
les aérostats.

**Passage rapide à travers les parois poreuses.** — Tous
les gaz peuvent traverser les parois poreuses, le papier buvard par exemple. Mais le passage est d'autant
plus rapide que le gaz est plus léger et l'on peut montrer que l'hydrogène tra-
verse une même paroi plus

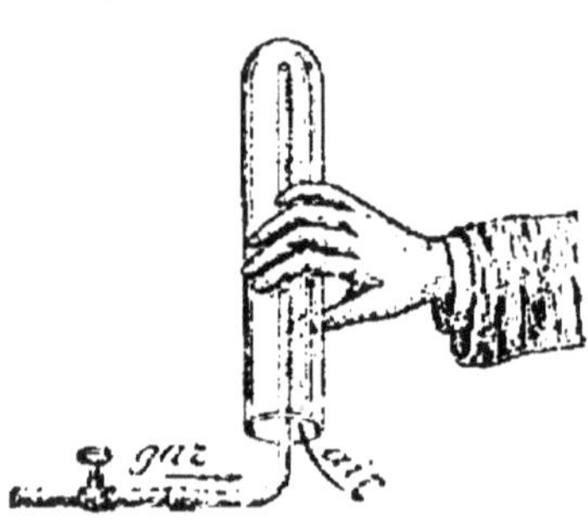


Fig. 27. — Remplissage d'une éprouvette d'hydrogène par déplacement.

rapidement que l'air. On prend un vase poreux V
(*fig.* 28) fermé par un bouchon traversé par un tube
recourbé TT' contenant de l'eau colorée. Le vase est
d'abord plein d'air. On le recouvre d'une cloche C

pleine d'hydrogène et l'on constate que l'eau colorée baisse en *m* dans le tube T et monte en *m'*, ce qui montre que l'entrée de l'hydrogène dans le vase V est plus rapide que la sortie de l'air qu'il contient. Dès que l'on enlève la cloche, le liquide se déplace de T vers T', ce qui montre que l'hydrogène sort plus vite que l'air ne rentre.

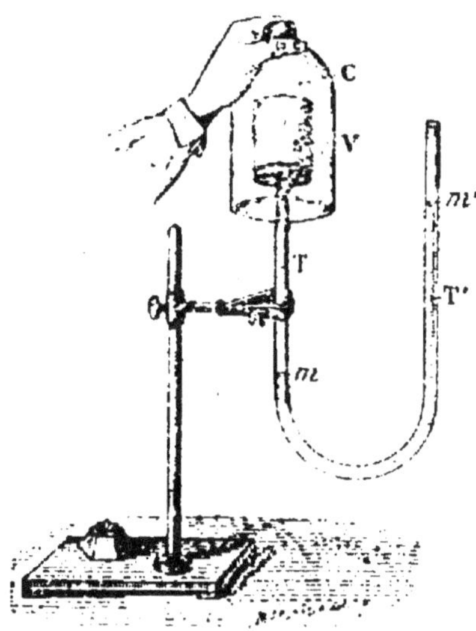

Fig. 28. — Passage rapide de l'hydrogène à travers les parois poreuses.

**64. Propriétés chimiques. — Combustion.** — Nous avons constaté, après avoir recueilli l'hydrogène fourni par l'électrolyse de l'eau, que ce gaz est combustible et peut être enflammé dans l'air. Il brûle alors avec une flamme très pâle, mais très chaude et, dans ces conditions, il se combine à l'oxygène de l'air pour donner de l'eau (synthèse de l'eau) (49).

On étudie facilement cette combustion de l'hydrogène en l'enflammant à l'extrémité d'un tube effilé (*fig.* 29) mis en communication avec un appareil producteur de ce gaz; on peut alors constater la température élevée de la flamme en y introduisant un fil de platine qui devient rapidement incandescent et finit par fondre.

La production d'eau qui accompagne la combustion de l'hydrogène se met ici très nettement en évidence en recouvrant la flamme d'un corps froid, d'une cloche de verre, par exemple; on voit se former sur les parois intérieures de la cloche (*fig.* 29) une buée qui se traduit, si l'expérience dure assez longtemps, par des gouttelettes d'eau que l'on peut recueillir. D'ailleurs cette eau n'est pas apportée par l'hydrogène, car l'expérience donne les mêmes résultats si l'on dessèche avec soin le gaz.

**Mélange détonant.** — Si, au lieu de brûler l'hydrogène au fur et à mesure de sa sortie de l'appareil producteur, on le mélange avec de l'air ou avec de l'oxygène, on n'observe rien de particulier : l'hydrogène ne se combine pas avec l'oxygène à la température ordinaire. Mais, si l'on enflamme le mélange dans un flacon ouvert, une violente explosion se produit, surtout si le volume de l'hydrogène est double de celui de l'oxygène. L'explosion serait même dangereuse si l'on n'avait pas soin de se borner à faire l'expérience avec un petit flacon de 50 à 100 centimètres cubes.

On devra donc s'abstenir, pour éviter une explosion dangereuse, d'enflammer l'hydrogène sortant d'un appareil producteur avant que tout l'air contenu dans l'appareil ait été chassé.

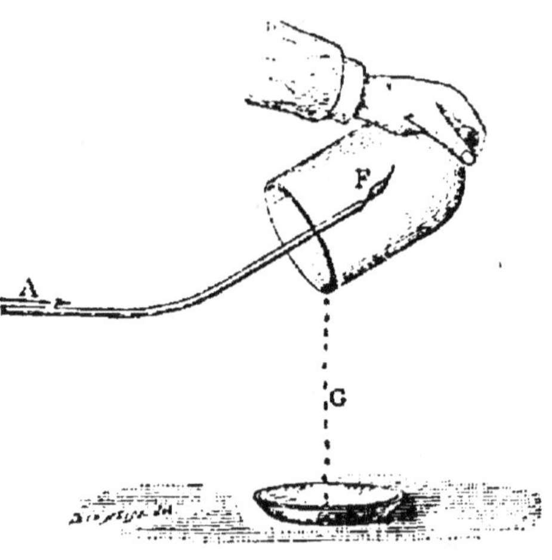


Fig. 29. — La combustion de l'hydrogène donne de l'eau.

Rappelons, enfin, que la combustion de l'hydrogène effectuée dans l'eudiomètre (49) nous a permis de réaliser avec précision la synthèse de l'eau et de constater que le **volume de l'hydrogène est double de celui de l'oxygène qui est nécessaire pour sa combustion.**

**65. Rôle réducteur.** — L'hydrogène s'est combiné dans les expériences précédentes, avec de l'oxygène libre mis en sa présence.

Que se passerait-il si l'on faisait agir l'hydrogène sur les combinaisons contenant de l'oxygène?

L'expérience montre que, dans beaucoup de cas, l'hydrogène peut s'emparer de cet oxygène combiné et donner, avec lui, de l'eau.

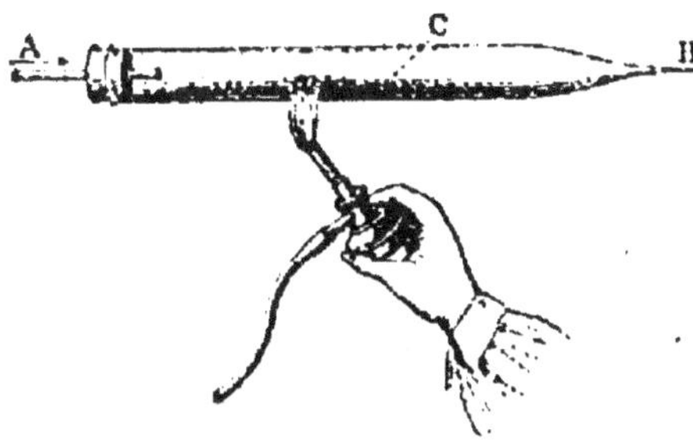

Fig. 30. — Réduction d'un oxyde par l'hydrogène.

Adressons-nous, pour étudier ce phénomène, à l'oxyde de cuivre, corps noir que nous avons obtenu (30) en chauffant du cuivre dans l'air. Chauffons cet oxyde de cuivre (*fig.* 30) dans un tube effilé en B et recevant par A un courant d'hydrogène sec.

Au bout de quelques instants, l'oxyde de cuivre manifeste une incandescence qui se propage dans toute la masse et l'on voit se dégager en B de la vapeur d'eau.

Après l'expérience, l'oxyde en poudre noire est remplacé par du cuivre, sous la forme d'une poudre rouge.

**L'oxyde de cuivre a donc abandonné son oxygène à l'hydrogène.**

On peut dire que l'ensemble formé par :

(Hydrogène) + (Cuivre combiné avec l'oxygène)

s'est transformé en :

(Hydrogène combiné avec l'oxygène) + (Cuivre).

L'expérience peut être réalisée plus ou moins facilement avec d'autres corps que l'oxyde de cuivre.

Les réactions de ce genre, au cours desquelles certains composés sont débarrassés, au moins partiellement, de leur oxygène, ont reçu le nom de **réductions**. Le composé oxygéné soumis à l'opération est dit **réduit**. Enfin le corps capable de s'emparer de l'oxygène est qualifié de **réducteur**.

**L'hydrogène est donc un réducteur.**

**66. Application à la détermination de la composition de l'eau.** — Il est possible de conduire l'expérience de façon à obtenir la composition de l'eau en poids. On pèse le tube qui contient l'oxyde de cuivre, avant et après l'expérience ; on observe une diminution de poids qui représente le poids de l'oxygène enlevé à l'oxyde. D'autre part, on peut recueillir avec soin l'eau formée en l'arrêtant au passage à l'aide de substances convenables ; on pèse cette eau. On trouve ainsi que :

$$18 \text{ grammes d'eau ont exigé}$$
$$16 \quad — \quad \text{d'oxygène et, par suite,}$$
$$18 - 16 = 2 \text{ grammes d'hydrogène}$$

pour former de l'eau.

**67. Sources d'hydrogène.** — La véritable source industrielle d'hydrogène est l'eau ; dans les laboratoires, on s'adresse généralement à d'autres composés.

**68. Préparation industrielle.** — L'hydrogène est souvent préparé dans l'industrie pour le gonflement des aérostats :

**1° Par l'électrolyse de l'eau.** — On peut l'obtenir facilement par l'électrolyse de l'eau additionnée d'un corps appelé **soude** qui reste inaltéré et peut servir indéfiniment. L'*électrolyseur* est un vase de grandes dimensions divisé (*fig.* 31), par une cloison perméable, en deux compartiments dans chacun desquels plonge une lame (électrode) de fer. Chaque lame est reliée à l'un des pôles d'une machine pouvant produire un courant électrique. On obtient en même temps de l'hydrogène (autour de la cathode) et de l'oxygène (autour de l'anode). La préparation n'est économique que si l'on trouve un débouché rémunérateur à l'oxygène obtenu.

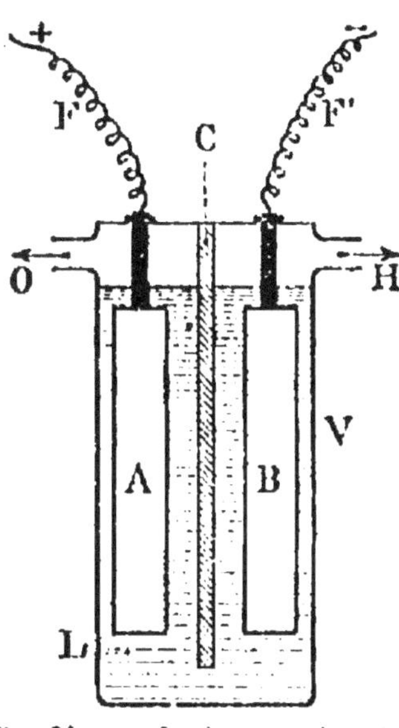

Fig. 31. — Production électrolytique de l'hydrogène et de l'oxygène.

**2° Par le fer et la vapeur d'eau.** — On dirige un courant de vapeur d'eau (52) sur du fer chauffé au rouge.

Ce procédé est très économique, et on l'emploie de préférence à l'électrolyse, lorsqu'on ne tient pas à produire l'oxygène.

**69. Préparation usuelle des laboratoires.** — On s'adresse à un composé connu sous le nom d'*acide* *sulfurique* et on le fait agir sur le *zinc* en présence de l'eau, à la température ordinaire.

L'opération se fait dans un flacon (*fig.* 32) à deux tubulures, dans lequel on met de l'eau et des fragments de zinc. L'une des tubulures est fermée par un bouchon traversé par un tube à entonnoir qui plonge dans l'eau et par lequel on verse peu à peu l'acide sulfurique.

L'autre tubulure livre passage à un

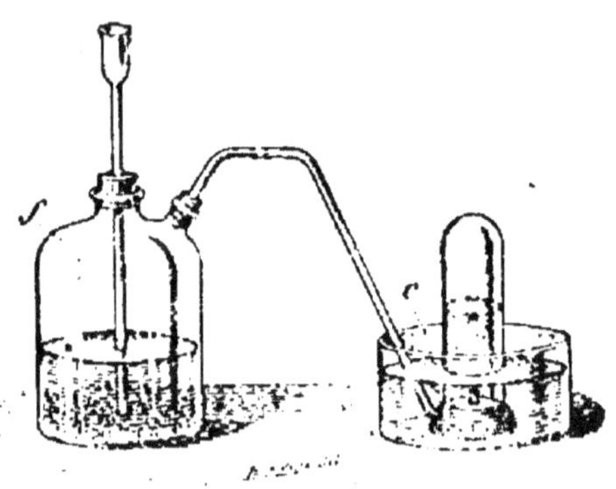

Fig. 32. — Préparation usuelle de l'hydrogène.

tube abducteur communiquant avec une éprouvette pleine d'eau et renversée sur une cuve à eau.

L'hydrogène se dégage dès que l'on verse l'acide. On rejette le contenu des premières éprouvettes, car il est surtout formé par l'air du flacon.

En même temps le zinc disparaît peu à peu; après l'opération, on peut extraire de l'eau, par évaporation, un corps solide blanc, appelé *sulfate de zinc.*

On peut, dans cette préparation, remplacer le zinc par du fer qui se comporte à peu près comme lui.

**70. Applications.** — On utilise l'hydrogène :

1° Pour sa **faible densité,** dans le gonflement des aérostats. On doit alors lutter contre la facilité avec laquelle il traverse les parois poreuses, et faire usage d'enveloppes formées de plusieurs couches de tissu verni séparées par de minces feuilles de caoutchouc;

2° Comme **combustible** dans le fonctionnement des chalumeaux (35) utilisés pour obtenir de la lumière (lumière Drummond) ou de la chaleur (fusion des métaux, soudure, brasure, etc.) ;

3° Comme **réducteur** dans les laboratoires.

# CHAPITRE IX

## SEL MARIN. CHLORURE DE SODIUM
## ACIDE CHLORHYDRIQUE

### Le sel marin. Sa composition

**71. L'eau de mer.** — L'eau de mer, débarrassée par filtration des animalcules et des poussières qui s'y trouvent en abondance, est limpide, transparente et incolore comme l'eau ordinaire.

Elle en diffère essentiellement par sa saveur, dite **salée**. Soumise à l'ébullition, elle fournit de la vapeur qui, par refroidissement, donne de l'eau distillée ou eau pure (45).

Par évaporation complète, elle abandonne successivement divers corps solides parmi lesquels se trouve celui que l'on utilise dans l'alimentation sous le nom de *sel* et que nous appellerons provisoirement **sel marin**. Etudions ses principales propriétés.

**72. Le sel marin.** — Il est contenu dans l'eau de mer à la dose, relativement faible, de 25 grammes par litre environ.

Il serait coûteux, pour l'obtenir, de vaporiser l'eau par ébullition ; on préfère s'adresser à l'évaporation, sous l'influence de la chaleur solaire, dans de larges bassins, de faible profondeur, creusés dans le sol (*marais salants*).

Ce sel est généralement gris, mais si on le redissout dans l'eau et si l'on procède à une nouvelle évaporation, on obtient des cristaux de sel blanc. La coloration grise était due à diverses impuretés retenues par l'eau (*eau mère des cristaux*) dans laquelle les cristaux se sont développés; on rejette cette eau. On dit que le sel est pur lorsqu'il n'est plus possible de constater aucune différence de propriétés entre les cristaux provenant de deux cristallisations successives.

**73. Propriétés physiques.** — Le sel blanc ainsi obtenu possède une saveur salée très prononcée.

Il est soluble dans l'eau : 1 litre d'eau peut en dissoudre jusqu'à 360 grammes environ. Lorsque cette dose est atteinte, une nouvelle quantité de sel ne peut plus se dissoudre : la dissolution est dite *saturée*.

Si l'on chauffe ce sel dans un tube à essais, les cristaux se brisent avec fracas et l'on voit se dégager de la vapeur d'eau qui vient se condenser dans les parties froides du tube. C'est l'eau emprisonnée pendant la cristallisation; elle ne peut se vaporiser sous l'influence de la chaleur qu'en brisant sa prison cristalline. Ce phénomène s'appelle *décrépitation*. Il cesse de se produire dès que le sel est parfaitement sec.

Enfin ce sel blanc peut être fondu à une température de 800° environ ; on opère dans un vase en fer ou en terre réfractaire (creuset), car le verre fondrait.

**74. Composition du sel marin pur.** — Décomposition par électrolyse. — On n'a jamais pu décomposer le sel marin pur par la seule influence de la chaleur. Mais on peut réaliser l'électrolyse du sel fondu.

La principale difficulté de l'expérience est la nécessité d'opérer au-dessus de 800°.

Cette électrolyse a pu se réaliser industriellement dans un gros tube en **U** (*fig.*33); l'une des branches T, en terre réfractaire, contient un cylindre en charbon C servant d'anode (+); l'autre branche M est en fer et constitue la cathode (—).

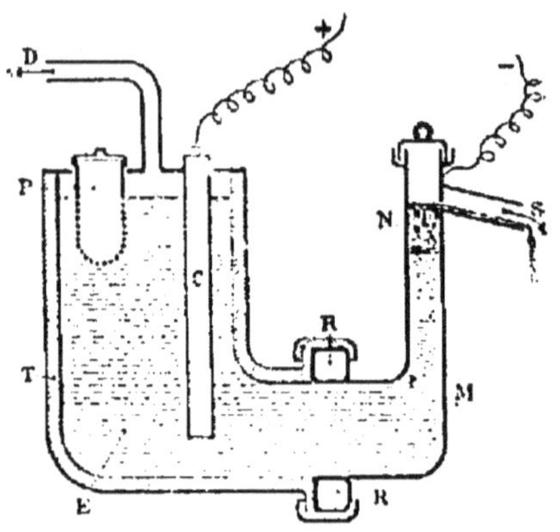

Fig. 33. — Électrolyse du chlorure de sodium fondu.

Le passage du courant se manifeste par une décomposition :

1° Autour de l'anode on observe le dégagement d'un gaz, d'une couleur jaune verdâtre, d'odeur suffocante. On peut le recueillir. C'est un corps simple appelé **chlore**;

2° Dans le tube cathode on observe la formation de vapeurs qui, si le tube est ouvert, viennent brûler dans l'air à la surface du bain fondu. On peut opérer à l'abri de l'air et condenser ces vapeurs. Elles fournissent un corps solide qui sera étudié plus tard sous le nom de **sodium**.

**75. Synthèse.** — Nous pouvons essayer de combiner les deux corps ainsi obtenus pour voir si ce sont les seuls composants du sel analysé.

Il suffit, pour cela, de chauffer fortement un fragment de sodium dans une coupelle et de l'introduire, fondu et enflammé, dans un flacon de chlore (*fig.* 34). Aussitôt le sodium se met à brûler avec un vif éclat en donnant une flamme jaune très éclairante. En même temps, on voit se former, à l'intérieur du flacon, un corps solide blanc. On peut, à loisir, constater qu'il présente tous les caractères du sel marin pur. Cette expérience est donc une synthèse de ce sel.

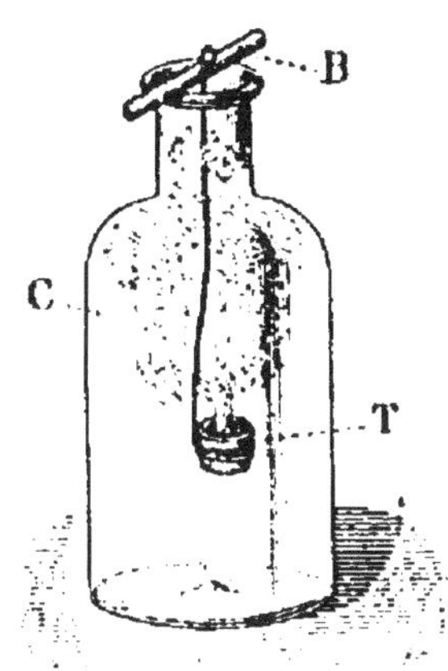

Fig. 34. — Combustion du sodium dans le chlore. Synthèse du chlorure de sodium.

On peut d'ailleurs la disposer de façon à déterminer les poids respectifs de chlore et de sodium, qui s'unissent. On trouve que ces poids sont toujours entre eux comme :

$$\left.\begin{array}{l} 35^{gr},5 \text{ de chlore.} \\ 23^{gr} \;\; \text{ de sodium} \end{array}\right\} \text{corps composants}$$

$$58^{gr},5 \text{ de sel.\ldots . corps composé}$$

La constance de ces proportions définit une combinaison.

## 76. Formule. — Représentons :

$35^{gr},5$ de chlore par **Cl** et $23^{gr}$ de sodium par **Na**.

Nous pourrons alors représenter la combinaison par la formule : **ClNa**.

Nous rappellerons ces résultats en disant que le sel marin pur est une **combinaison de chlore et de sodium** et nous l'appellerons désormais **chlorure de sodium.**

**77. Applications.** — Indépendamment de son utilisation bien connue dans notre alimentation, le chlorure de sodium présente un intérêt industriel de premier ordre, pour la préparation du chlore, du sodium et de nombreux produits dérivés. On le trouve non seulement dans les eaux de mer, mais encore dans le sol à l'état de *sel gemme.*

### Acide chlorhydrique

**78. Action de l'acide sulfurique sur le chlorure de sodium.** — Si l'on verse de l'acide sulfurique sur des cristaux de chlorure de sodium (*fig.* 35), on constate une effervescence accompagnée de la production d'un gaz qui répand des fumées blanches au contact de l'air humide. Ce gaz est plus

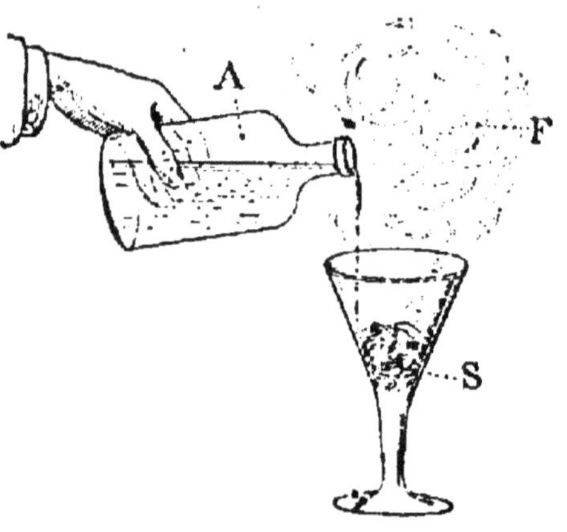


Fig. 35. — Attaque du chlorure de sodium par l'acide sulfurique.

dense que l'air et, si on le verse dans de la teinture de tournesol bleue, il s'y dissout et rougit ce réactif. Il s'est formé, dans ces conditions, un acide, que nous allons étudier sous le nom d'acide chlorhydrique.

**79. Propriétés physiques.** — C'est un gaz incolore, rendu visible par les fumées blanches qu'il donne au contact de l'air humide. Il possède une odeur piquante et désagréable, et une saveur acide.

Il est plus dense que l'air; aussi peut-on le faire couler comme un liquide, de haut en bas, quand il s'agit de le recueillir dans un flacon.

Le gaz chlorhydrique serait assez facilement liquéfiable, mais il n'est pas nécessaire d'avoir recours à ce moyen pour le transporter sous un petit volume, car il est très soluble dans l'eau : un litre d'eau peut dissoudre environ 500 litres de gaz chlorhydrique à 0° en subissant une augmentation de volume qui, quoique importante, est faible vis-à-vis du volume du gaz. Cette solubilité se montre à l'aide d'expériences simples.

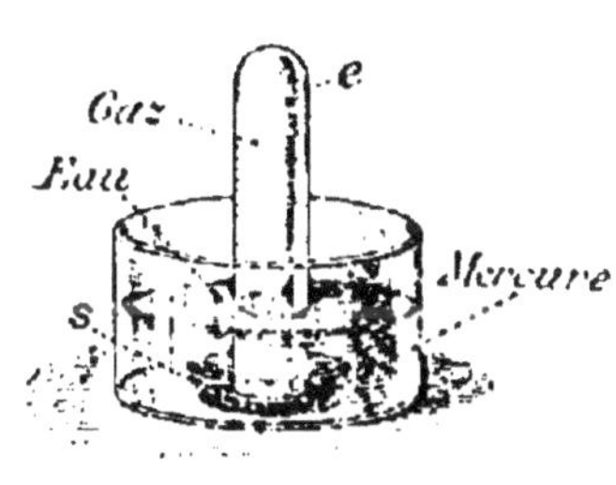

Fig. 36. — Solubilité du gaz chlorhydrique dans l'eau.

1° On recueille sur la cuve à mercure une éprouvette de gaz chlorhydrique (*fig.* 36) et on la transporte, sur une soucoupe *s* contenant un peu de mercure, dans un vase plein d'eau. Dès que l'on soulève l'éprouvette, l'eau s'y précipite avec violence et peut même la briser. En même temps le liquide a acquis la propriété de rougir la teinture de tournesol ;

2° On remplit de gaz chlorhydrique un flacon que l'on ferme avec un bouchon traversé par un tube *ab* (*fig.* 37) effilé en *a* et fermé en *b*. On plonge *b* dans l'eau et on casse l'extrémité *b* avec une pince ; l'eau pénètre dans le tube et se trouve alors en contact avec le gaz. Un jet d'eau jaillit dans le flacon et, si l'on a coloré l'eau avec de la teinture de tournesol bleue, le réactif rougit en pénétrant dans le flacon.

**80. Dissolution commerciale.** — La dissolution aqueuse de gaz chlorhydrique est un liquide incolore lorsqu'il est pur. Le plus souvent la dissolution industrielle est colorée en jaune par des impuretés.

C'est cet acide chlorhydrique dissous qui est généralement utilisé dans les applications, à la place du gaz chlorhydrique moins commode à manier.

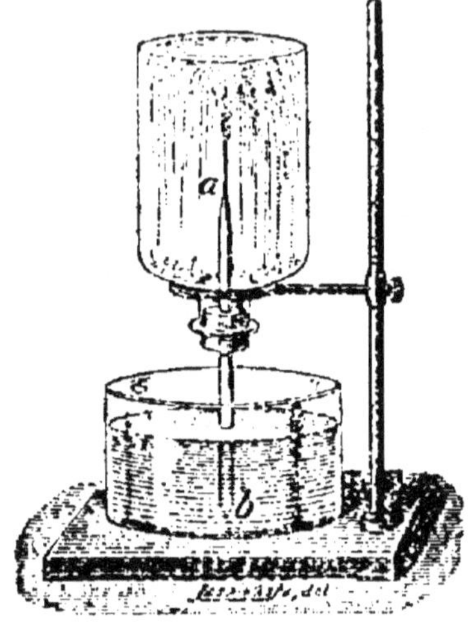

Fig. 37. — **Jet d'eau dans un flacon plein de gaz chlorhydrique.**

**81. Propriétés chimiques.** — Un corps enflammé s'éteint dans le gaz chlorhydrique et celui-ci ne s'enflamme pas. En d'autres termes, **le gaz chlorhydrique n'est pas combustible** et il n'entretient pas les combustions usuelles. Néanmoins on a pu décomposer l'acide chlorhydrique gazeux par l'oxygène *à très haute température.* On obtient du chlore et de la vapeur d'eau :

Gaz chlorhydrique + Oxygène = Chlore + Vapeur d'eau.



4*

**82. Décomposition par les métaux. Analyse du gaz chlorhydrique.** — *Le gaz chlorhydrique est un corps composé.* En effet, si l'on chauffe une petite quantité de ce gaz en présence d'un fragment de sodium (*fig.* 38), ce corps se transforme en chlorure de sodium, et il reste, à la place du gaz chlorhydrique, de l'hydrogène occupant un volume moitié de celui du gaz employé.

Fio. 38. — Décomposition du gaz chlorhydrique par le sodium.

**Le gaz chlorhydrique est donc une combinaison de chlore et d'hydrogène,** et sa décomposition par le sodium est une analyse de ce gaz.

L'opération, effectuée avec précision, montre que

$36^{gr},5$ de gaz chlorhydrique laissent

$1^{gr}$ d'hydrogène et contiennent par suite

$36,5 - 1 = 35^{gr},5$ de chlore.

C'est ce que nous représenterons par ClH

(Cl $= 35^{gr},5$ de chlore, H $= 1^{gr}$ d'hydrogène).

**83. Synthèse.** — On vérifie cette conclusion par la synthèse. On se sert de deux flacons de même volume : dans le goulot de l'un peut s'engager exactement le col de l'autre (*fig.* 39). L'un des flacons est rempli d'hydrogène et l'autre de chlore, à la même température et à la pression atmosphérique. Le mélange, exposé à la lumière diffuse ([1]), perd lentement la couleur

---

([1]) Il importe, au début de l'expérience, d'opérer à l'abri de la lumière solaire directe, pour éviter une explosion (108).

du chlore; on ouvre alors les flacons et l'on constate que la pression n'a pas changé. Le contenu des flacons est alors du gaz chlorhydrique, entièrement absorbable par l'eau.

Le gaz chlorhydrique est donc une combinaison, à volumes égaux, de chlore et d'hydrogène le volume du composé est égal à la somme des volumes des composants.

Ce résultat, rapproché de la composition en poids donnée plus haut, nous montre que :

1ᵉʳ d'hydrogène représenté par H
et 35ᵍʳ,5 de chlore représentés par Cl

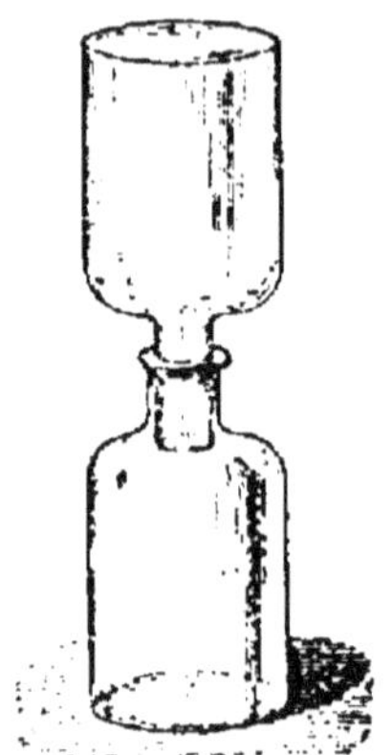

Fɪɢ. 39. — Synthèse du gaz chlorhydrique.

occupent le **même volume** si on les mesure dans les mêmes conditions. Nous aurons à revenir sur ce fait important.

**84. Décomposition de l'acide dissous.** — Il a fallu chauffer le sodium en présence du gaz chlorhydrique pour le décomposer. En présence de l'eau, l'action est plus facile (elle serait même dangereuse avec le sodium), et peut se réaliser avec divers métaux usuels.

Versons, par exemple, de l'acide chlorhydrique sur du zinc ou du fer; une effervescence se manifeste, avec dégagement d'hydrogène qu'on peut enflammer (*fig.* 40).

**85. Les chlorures.** — Si l'on fait cristalliser le liquide, on obtient un corps nouveau, à la place du métal employé. Avec le sodium, on obtiendrait, comme plus haut, du chlorure de sodium. Les corps que l'on obtient en faisant l'expérience avec le zinc ou le fer ressemblent assez (par leurs propriétés) au chlorure de sodium pour que l'on ait pu leur donner le nom de sels. On les appelle chlorure de zinc, chlorure de fer. Nous dirons que ces chlorures, et d'autres obtenus dans des conditions analogues, sont les sels de l'acide chlorhydrique.

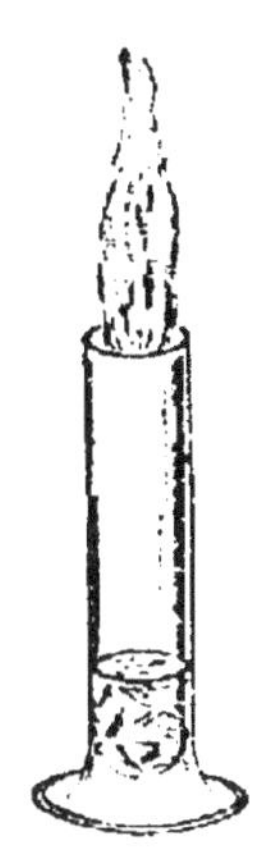

Fig. 40. — Action de la dissolution chlorhydrique sur le zinc ou le fer.

**86. Résumé.** — En définitive :

**L'acide chlorhydrique peut être décomposé par un métal avec dégagement d'hydrogène et formation d'un sel appelé chlorure du métal.**

On peut dire que l'ensemble formé par :

(Métal) + (Chlore combiné avec l'hydrogène)

est remplacé par :

(Hydrogène) + (Chlore combiné avec le métal).

Remarque. — Il résulte de là que l'on pourrait remplacer l'acide sulfurique par l'acide chlorhydrique dans la préparation usuelle de l'hydrogène (69).

**87. Action de l'acide chlorhydrique sur la soude.** — Nous savons que l'acide chlorhydrique rougit la teinture de tournesol. Or il y a des corps qui rendent bleue la teinture ainsi rougie. Nous les appellerons provisoirement bases.

L'un de ces corps est la soude déjà citée à propos de la préparation électrolytique de l'hydrogène. Il est intéressant de rechercher ce qui se passe si l'on fait réagir l'acide chlorhydrique sur la soude. On verse lentement une dissolution d'acide chlorhydrique dans une dissolution de soude additionnée de tournesol. On observe un dégagement de chaleur, et il est possible d'obtenir un mélange n'ayant plus aucune action sur le réactif coloré.

L'analyse du liquide montre alors qu'il ne contient plus ni acide chlorhydrique ni soude. Son évaporation dégage de l'eau et laisse un résidu solide exclusivement formé par du chlorure de sodium. Nous dirons qu'il y a eu **neutralisation** de l'acide par la soude et nous rappellerons la réaction en écrivant :

Acide chlorhydrique + Soude = Chlorure de sodium + Eau.

Nous rencontrerons souvent des phénomènes du même genre.

**88. Préparation.** — L'acide chlorhydrique se prépare en grand dans l'industrie. On attaque le chlorure de sodium par l'acide sulfurique dans des fours. Le gaz dégagé (78) est envoyé dans une série de bonbonnes ou auges (*fig.* 41), contenant de l'eau qui dissout l'acide chlorhydrique.

La préparation se fait sur le même principe dans les laboratoires. Le chlorure de sodium (¹) est placé dans

______

(¹) Le chlorure en petits cristaux, que l'on trouve dans le commerce, est attaqué avec production d'une mousse abondante qui exige l'emploi d'appareils volumineux ; il est préférable d'employer du chlorure de sodium que l'on a coulé en plaques après fusion (chlorure fondu).

un ballon B (*fig.* 42) muni d'un tube à entonnoir deux

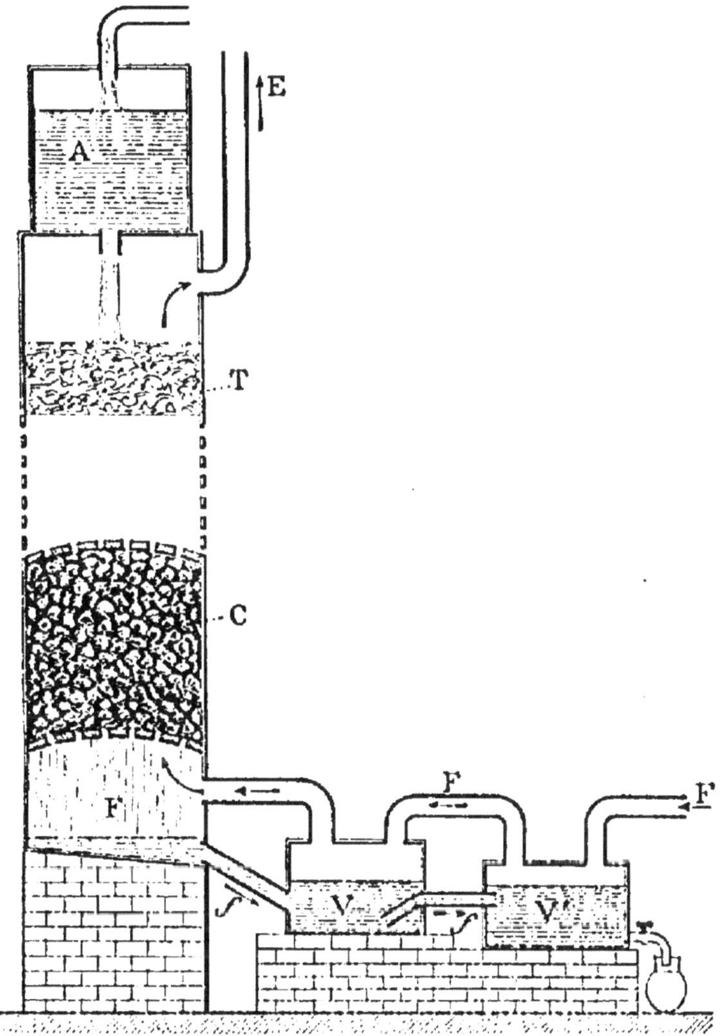

Fig. 41. — Préparation industrielle de la dissolution aqueuse d'acide chlorhydrique. La condensation commencée dans des auges V, s'achève dans une tour T contenant du coke C arrosé d'eau. (La figure représente seulement le haut et le bas de la tour.)

fois recourbé, permettant de verser l'acide sulfurique

et d'un tube abducteur livrant passage au gaz. La réaction commence à froid ; on l'active en chauffant légèrement. Le gaz peut, s'il y a lieu, être complètement desséché par son passage dans l'acide sulfu-

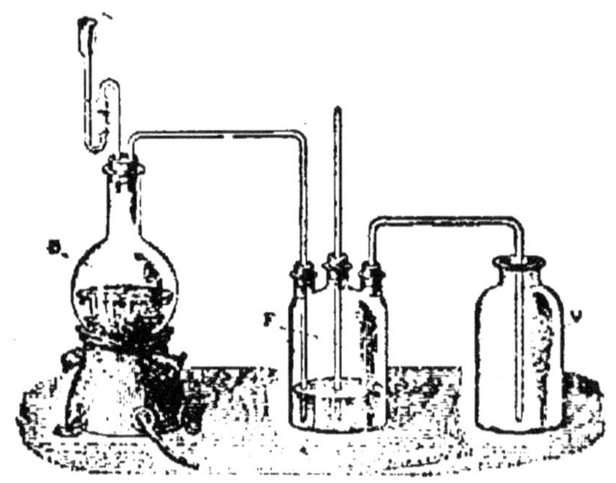

Fig. 42. — Préparation du gaz chlorhydrique dans les laboratoires.

rique du flacon F. On le recueille sur une cuve à mercure. On peut aussi profiter de sa grande densité et le diriger au fond d'un flacon V qu'il remplit en déplaçant l'air qui s'y trouvait.

**89. Applications.** — Nous citerons, parmi les nombreuses applications de ce corps :

1° La production du chlore (111) ;

2° L'**extraction de la gélatine des os** (232) ;

3° Le nettoyage chimique (**décapage**) des métaux ;

4° La préparation de divers chlorures (85) ;

5° Son emploi fréquent dans les laboratoires dans les circonstances les plus variées.

# CHAPITRE X

# LE SODIUM ET LA SOUDE. LE POTASSIUM ET LA POTASSE. LE CALCIUM ET LA CHAUX

## Sodium

**90. Électrolyse du chlorure de sodium fondu.** — Nous avons vu que l'électrolyse de ce sel fondu (74) fournit à la cathode un corps appelé sodium. Les chimistes l'ont rangé parmi les métaux.

**91. Propriétés physiques.** — C'est un corps solide grisâtre, assez mou pour pouvoir être coupé au couteau ; fraîchement coupé, il offre l'aspect de l'argent poli, mais il se ternit rapidement dans l'air.

Le sodium est moins dense que l'eau. On peut le fondre et le volatiliser en le chauffant dans une cuillère en fer. Ses vapeurs donnent aux flammes avec lesquelles on le met en contact une **coloration jaune** très accentuée, caractéristique du sodium et de ses combinaisons.

**92. Propriétés chimiques.** — Le sodium est remarquable par la facilité avec laquelle il se combine à l'oxygène. Aussi s'altère-t-il rapidement dans l'air et doit-il être conservé, soit dans du pétrole, soit de préférence dans des boîtes métalliques hermétiquement closes. On peut, d'ailleurs, réaliser sa combustion vive.

**Combustion du sodium.** — Il suffit de le chauffer fortement dans l'air; il fond d'abord, puis devient incandescent et brûle. La combustion se fait encore mieux dans l'oxygène Le produit de la combustion est une poudre jaunâtre : c'est une combinaison de sodium et d'oxygène, le **peroxyde de sodium.** On l'utilise pour préparer industriellement l'*oxylithe* qui nous a servi à préparer l'oxygène (34).

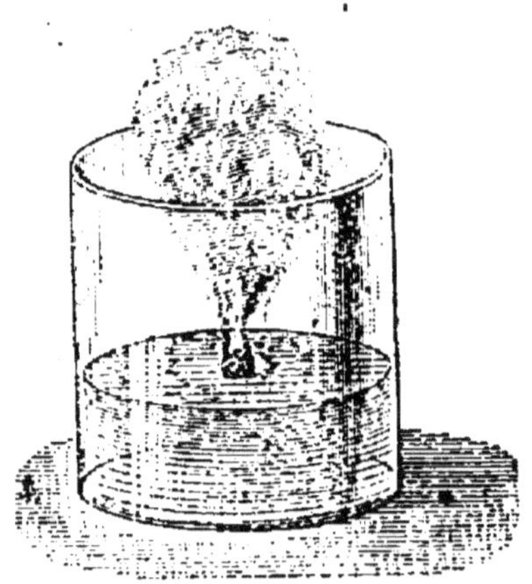

Fig. 43. — Décomposition de l'eau par le sodium. L'expérience est *dangereuse* et ne doit être réalisée qu'avec un très petit fragment de sodium.

**Décomposition de l'eau.** — Si l'on projette un petit fragment de sodium sur l'eau (*fig.* 43), le métal surnage et se déplace avec rapidité à la surface du liquide en dégageant un gaz que l'on peut enflammer et qui est de l'hydrogène; la flamme est d'ailleurs fortement colorée en jaune par la présence des vapeurs de sodium. On peut, si on le désire, recueillir le gaz dans une éprouvette, en immergeant le fragment de sodium par l'intermédiaire d'une petite corbeille en toile métallique (*fig.* 44).

Après l'expérience, l'eau employée a acquis la propriété de faire virer au bleu le tournesol rougi par un acide.

L'eau contient donc, en dissolution, après cette expérience, un corps nouveau que l'on peut séparer du liquide par évaporation. C'est la **soude**, que nous

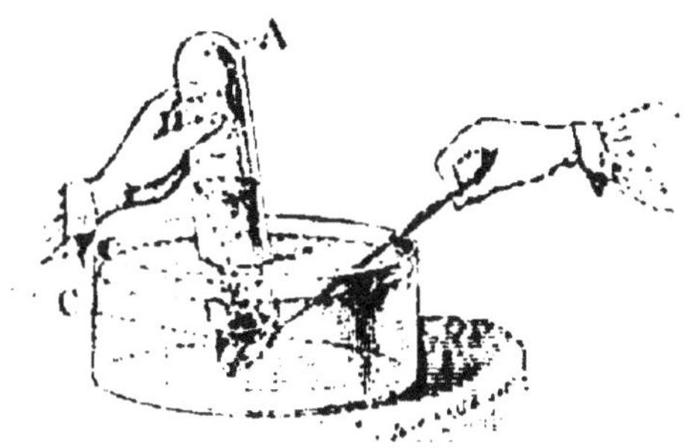

Fig. 11. — Décomposition de l'eau par le sodium. *Expérience dangereuse.*

avons déjà entrevue (87). Nous rappellerons cette importante transformation du sodium en écrivant :

Sodium + Eau = Hydrogène + Dissolution de soude.

**93. Préparation.** — On peut s'adresser au chlorure de sodium. Il suffit d'électrolyser le sel fondu (74), et l'on obtient le sodium à la cathode. Mais cette méthode est peu pratique, car le chlorure de sodium ne fond que vers 800°, ce qui entraîne des complications.

Il est plus simple d'électrolyser la *soude fondue*. Cette soude, en effet, fond à une température beaucoup moins élevée, 350°, et nous allons voir qu'on peut l'obtenir sans qu'il soit nécessaire de préparer, au préalable, le sodium.

Dans tous les cas on doit, pendant l'électrolyse, préserver avec soin le sodium du contact de l'air puor éviter sa combustion.

**94. Applications.** — La facilité avec laquelle le sodium se combine à l'oxygène en fait un **réducteur énergique.** Mais le sodium est surtout intéressant par ses combinaisons.


## Soude caustique


**95. Préparation.** — La soude se produit lorsque le sodium disparaît dans l'eau. On peut facilement obtenir une dissolution de soude sans partir du sodium libre. Il suffit de réaliser l'électrolyse du chlorure de sodium dissous dans l'eau. La séparation s'effectue entre le chlore qui se dégage à l'anode et le sodium qui, au lieu d'apparaître autour de la cathode, agit aussitôt sur l'eau pour donner une dissolution de soude avec dégagement d'hydrogène (92).

En évaporant la dissolution dans une bassine en fer, on chasse l'eau et il reste de la soude fondue que l'on coule sur une plaque de fer froide. On a ainsi la soude solide sous la forme de plaques blanches.

**96. Propriétés physiques.** — Abandonnée à l'humidité, la soude solide absorbe rapidement la vapeur d'eau et passe ainsi à l'état de dissolution. On peut donc l'utiliser pour dessécher certains gaz.

La soude, fond à 350° c'est-à-dire plus facilement que le chlorure de sodium. Aussi convient-elle mieux que ce corps à la préparation du sodium (93).

**97. Action sur notre organisme.** — La soude attaque nos tissus, même la peau, en les dissolvant. C'est ce qui constitue la propriété dite *caustique*.

**98. Propriétés chimiques.** -- La propriété fondamentale de la soude résulte de son action sur l'acide chlorhydrique ou sur les acides en général.

Nous avons vu (87) qu'elle neutralise l'acide chlorhydrique en donnant du chlorure de sodium et de l'eau :

Soude + Acide chlorhydrique = Chlorure de sodium + Eau.

Cette propriété n'est pas particulière à la soude. Elle caractérise des corps que nous appellerons les **bases.** Comme la neutralisation de l'acide chlorhydrique par la soude est accompagnée d'un grand dégagement de chaleur, nous dirons que la soude est une *base énergique.*

**99. Applications.** — Cette propriété basique la rend précieuse dans les laboratoires et dans l'industrie. Elle intervient, en particulier, dans la *fabrication des savons.*

## Le potassium et la potasse

**100. Le chlorure de potassium.** — On trouve dans les eaux de la mer et dans les gisements de sel gemme plusieurs sels distincts du chlorure de sodium.

Parmi eux nous citerons le *chlorure de potassium.* Son électrolyse fournit du chlore et un métal appelé *potassium,* dans les proportions de :

$35^{gr},5$ de chlore, représentés par **Cl**

$39^{gr}$ de potassium, —  par **K**

D'où la formule : **ClK** (Chlorure de potassium).

**101. Le potassium.** — Ce métal mou, moins dense que l'eau, décompose l'eau à la température ordinaire. La réaction est analogue à celle que fournit le sodium, mais elle est plus vive. Elle dégage de l'hydrogène qui s'enflamme spontanément et brûle avec une flamme colorée en **violet** par la présence des vapeurs de potassium.

**102. La potasse.** — En décomposant l'eau, le potassium est transformé en une combinaison qui reste en dissolution et que l'on peut obtenir à l'état solide après évaporation de l'eau. C'est la **potasse caustique**, base énergique tout à fait semblable à la soude.

## Le calcium et la chaux

**103. Le calcaire.** — On trouve dans la nature, sous des formes variées (marbre, craie, etc.), un corps appelé **calcaire** qui possède la propriété de se dissoudre dans l'acide chlorhydrique en dégageant, avec effervescence, du gaz carbonique.

La dissolution, soumise à l'évaporation, laisse un corps blanc que l'on peut fondre, puis électrolyser. Son électrolyse le dédouble en chlore gazeux qui apparaît à l'anode et en un corps qui apparaît à la cathode. Ce second corps s'appelle **calcium**; on le range parmi les métaux. Le produit de l'attaque du calcaire par l'acide chlorhydrique est donc du **chlorure de calcium**.

**104. Le calcium.** — Le calcium est un corps solide, blanc (lorsqu'il est pur), difficile à couper au couteau.

Il est plus dense que l'eau. Il est moins altérable que le sodium dans l'air, à la température ordinaire. Mais il suffit de le chauffer pour le faire brûler dans l'oxygène ou dans l'air, avec une vive lumière (comme le magnésium) et production d'un corps blanc, l'**oxyde de calcium.** L'industrie prépare cet oxyde en chauffant le calcaire et lui donne le nom de chaux vive.

**105. La chaux.** — Le calcium décompose l'eau à la température ordinaire, avec dégagement d'hydrogène.

La réaction se fait lentement ; le métal, plus dense que l'eau, ne surnage pas, et l'on peut aisément recueillir le gaz. En même temps le calcium se transforme en une poudre blanche, la **chaux,** ayant la propriété de faire virer au bleu le tournesol rougi et de neutraliser l'acide chlorhydrique avec production de chlorure de calcium et d'eau.

Chaux + Acide chlorhydrique = Chlorure de calcium + Eau.

Nous dirons encore que c'est une base. Mais elle est beaucoup moins soluble dans l'eau que la soude. C'est sa dissolution que nous avons rencontrée sous le nom d'*eau de chaux.*

# CHAPITRE XI

## CHLORE ET HYPOCHLORITES

### Chlore

**106. État naturel.** — Le chlore, que nous avons entrevu, en faisant l'électrolyse du sel marin, n'existe pas à l'état libre dans la nature.

Mais on trouve, en abondance, divers chlorures et, en particulier, le chlorure de sodium.

**107. Propriétés physiques.** — Le chlore est un gaz jaune verdâtre, d'odeur suffocante. Il est imprudent de s'exposer à le respirer, même en petite quantité, car il occasionne des crachements de sang.

Le chlore est beaucoup plus dense que l'air; on utilise cette propriété pour le recueillir, par déplacement d'air, comme s'il s'agissait d'un liquide.

Le chlore est soluble dans l'eau, car une éprouvette pleine de ce gaz et additionnée rapidement d'un peu d'eau, puis fermée avec une main et agitée, adhère à la main : 1 litre d'eau peut en dissoudre $2^{lit}$,5 environ.

La dissolution appelée **eau de chlore** possède la couleur et l'odeur de ce gaz; on la conserve dans des flacons en verre noir pour la soustraire à l'action de la lumière qui l'altère lentement.

Le chlore est assez facile à liquéfier ; mais, quoique sa liquéfaction soit une opération industrielle, le chlore liquide est encore peu employé.

**108. Propriétés chimiques. — Combinaison avec l'hydrogène. —** La propriété capitale du chlore est la

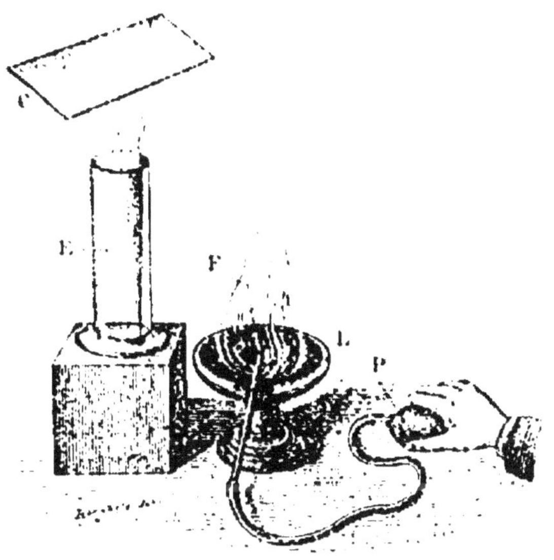



Fig. 45. — Combinaison du chlore avec l'hydrogène sous l'influence de la lumière. *Expérience dangereuse*

facilité avec laquelle il se combine à l'hydrogène. La combinaison s'effectue entre volumes égaux des deux gaz (83) et fournit le gaz chlorhydrique.

A la lumière diffuse et à la température ordinaire, la combinaison se produit très lentement, et nous avons pu l'utiliser pour déterminer, par synthèse, la composition de l'acide chlorhydrique.

Mais si l'on expose le mélange à la lumière solaire ou à la lumière produite par la combustion du magnésium, la réaction se fait avec explosion (*fig.* 45).

Il en est de même si l'on enflamme le mélange. Après l'explosion, on peut caractériser la présence de l'acide chlorhydrique, en versant dans le gaz un peu de teinture de tournesol qui rougit.

Dans l'obscurité le chlore et l'hydrogène ne se combinent pas, à la température ordinaire.

**Combustions dans le chlore.** — Le chlore peut donc, comme l'oxygène, se combiner facilement avec l'hydrogène. Il est intéressant de rechercher s'il en est de même avec les divers corps qui ont pu brûler dans l'oxygène (28).

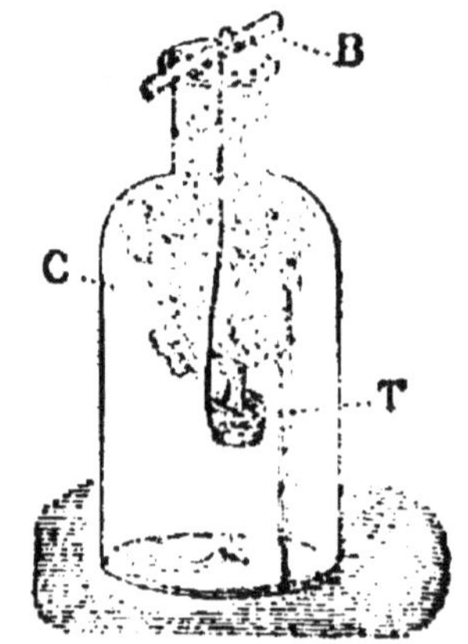


Fig. 46. — Combustion du phosphore dans le chlore.

Une allumette bien allumée s'éteint dans le chlore. Le charbon ne peut pas y brûler.

Mais le **phosphore** s'y enflamme spontanément (*fig.* 46) en donnant des fumées suffocantes formées par des combinaisons de chlore et de phosphore : les **chlorures de phosphore.**

Une spirale de **fer** ou même de **cuivre** (¹) (*fig.* 47), préalablement portée au rouge, puis rapidement introduite dans un flacon de chlore, y brûle avec incandescence en donnant des fumées de **chlorure de fer ou de cuivre.**

(¹) Le cuivre ne donne pas de combustion vive avec l'oxygène.



5*

Un fragment de **sodium**, fondu, puis enflammé dans l'air (O2) et introduit dans un flacon de chlore, y brûle avec une flamme jaune intense en donnant du **chlorure de sodium.**

Le **mercure** projeté dans le chlore est attaqué dès la température ordinaire avec production d'un dépôt blanc de **chlorure de mercure,** qui adhère aux parois du flacon dans lequel on fait l'expérience.

Ces actions sont **remarquables** et nous montrent la grande activité chimique du chlore.

Certains corps que l'oxygène laisse inaltérés peuvent se combiner au chlore : ainsi, une feuille d'or disparaît dans l'eau de chlore en donnant une combinaison, le **chlorure d'or,** qui donne au liquide une coloration jaune.

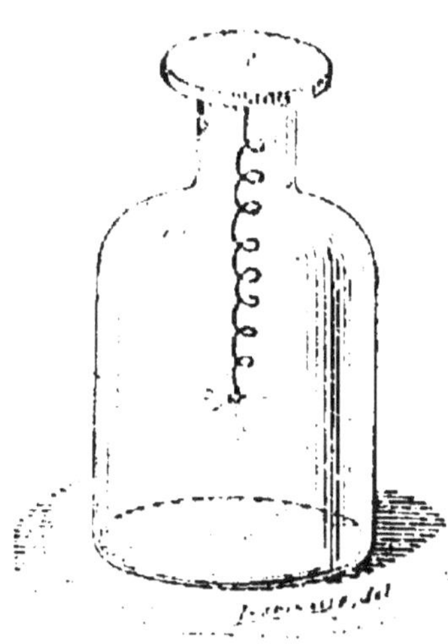

Fig. 17. — Combustion du cuivre dans le chlore.

Plus généralement, **tous les métaux peuvent se combiner avec le chlore.**

Parmi les corps simples usuels, le carbone, l'oxygène et l'azote sont les seuls que l'on ne puisse pas combiner directement au chlore.

**109. Action sur les composés hydrogénés. — Propriétés décolorantes. — Le chlore agit facilement sur la plupart des combinaisons qui contiennent de l'hydrogène et peut s'emparer de cet hydrogène.**

Nous citerons ici les **matières organiques,** qui sont presque toutes profondément altérées.

Celles qui sont colorantes sont généralement transformées en substances incolores ou ayant des couleurs inutilisables.

Ainsi *le tournesol, l'indigo, l'encre ordinaire, le vin* sont décolorés par le chlore, en solutions diluées, et prennent une coloration d'un jaune sale plus ou moins brun, lorsqu'on les traite en solutions concentrées.

Ce pouvoir décolorant du chlore est susceptible d'applications importantes (112).

**110. Préparation industrielle.** — Le chlore, dont l'importance est considérable, se prépare surtout dans l'industrie.

La méthode la plus commode consiste à électrolyser le chlorure de sodium. Si l'on ne tient pas à produire en même temps le sodium, on s'adresse au chlorure dissous (95).

Nous avons vu que le chlore se dégage à l'anode et que le sodium qui devrait

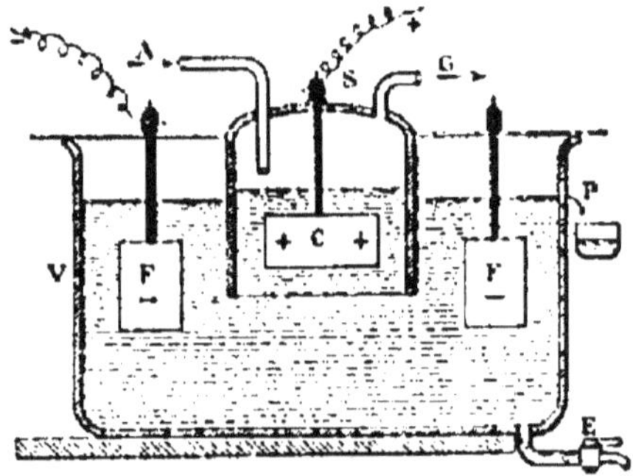


Fig. 48. — **Production industrielle du chlore par électrolyse du chlorure de sodium en dissolution dans l'eau.**

C, Anode en charbon;
FF, Cathodes en fer;
A, Arrivée de la dissolution;
G, Sortie du chlore.

apparaître à la cathode, est transformé en soude. Il importe d'empêcher le chlore de réagir sur la soude. On peut y arriver en plaçant l'anode dans une cloche en grès plongeant dans la dissolution de chlorure de sodium, la cathode étant disposée en dehors de la cloche (*fig.* 48).

L'industrie prépare aussi le chlore en décomposant le gaz chlorhydrique par l'oxygène à haute température (81). Le point de départ est encore le chlorure de sodium, puisque l'acide chlorhydrique se déduit toujours de ce sel.

**111. Préparation des laboratoires.** — Nous pouvons obtenir aisément du chlore à une température

Fio. 49. — Préparation du chlore dans les laboratoires.

modérée en attaquant la dissolution d'acide chlorhydrique par certains corps riches en oxygène. On fait généralement usage du *bioxyde de manganèse*, corps solide noir que l'on trouve dans la nature.

L'acide est versé sur le bioxyde placé dans un ballon B (*fig.* 49) que l'on chauffe légèrement. Il est bon de faire passer le chlore dans l'acide sulfurique (flacon F) pour le dessécher et aussi pour retenir l'acide chlorhydrique qui pourrait être entraîné.

Le gaz chlore est reçu dans un flacon V dont il

déplace l'air, qui est moins dense. Le flacon est plein lorsqu'il a pris sur toute sa hauteur la teinte du chlore.

On ne recueille le chlore ni sur l'eau qui le dissout ni sur le mercure qui est attaqué.

**112. Applications.** — Les applications du chlore sont nombreuses et importantes :

1° La principale est le **blanchiment.**

Les tissus écrus ont une couleur jaunâtre due à des matières diverses provenant des fibres textiles. Le blanchiment a pour but de faire disparaître cette coloration. Les fibres végétales, telles que le coton, le chanvre, le lin, la pâte à papier, peuvent être blanchies par le chlore. Les fibres animales, c'est-à-dire la laine et la soie, seraient rapidement altérées et sont blanchies par d'autres moyens (181).

2° Le chlore sert de **désinfectant,** à cause de la facilité avec laquelle il détruit divers produits hydrogénés nuisibles (141, 201);

3° Le chlore sert à préparer des composés importants : **chlorures, hypochlorites, chlorates.**

## Hypochlorites ou Chlorures décolorants

**113. Difficultés de transport du chlore.** — Le chlore gazeux est peu transportable et peu maniable, car il attaque trop rapidement les corps. D'autre part, sa solubilité dans l'eau n'est pas assez grande pour que l'on ait intérêt à le dissoudre pour le rendre moins encombrant.

On a tourné ces difficultés en préparant des produits d'un transport facile, susceptibles de dégager, au moment de l'emploi, de grandes quantités de chlore. Ce sont les **hypochlorites,** vulgairement appelés *chlorures décolorants*. Les plus importants sont :

1° L'**hypochlorite de sodium,** dont la forme commerciale est l'**eau de Javel;**

2° L'**hypochlorite de calcium,** dont la forme commerciale s'appelle improprement **chlorure de chaux.**

**114. Eau de Javel.** — C'est un liquide jaune. On peut l'obtenir en dirigeant un courant de chlore dans une dissolution *étendue et froide de soude.* Il est d'ailleurs inutile de préparer séparément le chlore et la soude ; il suffit de réaliser l'électrolyse d'une dissolution de chlorure de sodium (110) et de favoriser par une agitation constante le mélange des produits formés autour des électrodes.

**115. Chlorure de chaux.** — C'est un solide blanc pulvérulent plus facile à transporter qu'un liquide.

On l'obtient en dirigeant un courant de chlore sur de la chaux en poudre. Le produit garde à peu près l'aspect de la chaux.

**116. Propriétés décolorantes.** — L'eau de Javel ou le chlorure de chaux dégagent du chlore dès qu'on les traite par un acide ou même dès qu'on les expose à l'air. On peut le vérifier en additionnant de teinture de tournesol une dissolution de l'un de ces deux produits. Le réactif se décolore lentement par agitation à l'air et rapidement par addition d'un acide, l'acide chlorhydrique par exemple. Ces propriétés expliquent l'intérêt qui s'attache à ces chlorures décolorants.

Ils sont utilisés dans le **blanchiment des tissus,** le **nettoyage du linge, la désinfection.**

# CHAPITRE XII

## MÉTALLOÏDES ET MÉTAUX. SYMBOLES FORMULES

**117. Métalloïdes et métaux.** — Nous avons vu (42) qu'il n'y a qu'un petit nombre de corps simples, 80 environ. On les a rangés en deux groupes : **les métalloïdes et les métaux.**

On s'est accordé depuis longtemps à donner le nom de métaux à des corps solides tels que le fer, le zinc, l'étain, le plomb, le cuivre, l'or, l'argent, qui, lorsqu'ils sont polis, présentent un brillant particulier qu'on a appelé *éclat métallique ;* de plus, ils sont *bons conducteurs de la chaleur et de l'électricité.* D'autres corps solides, tels que le soufre, le phosphore, le charbon sont ternes et leur conductibilité à peu près nulle (soufre) ou médiocre (charbon); on les a appelés métalloïdes.

Mais ces caractères physiques manquent souvent de netteté et ne permettent pas de classer les gaz.

**La subdivision des corps simples en métalloïdes et en métaux est maintenant basée sur les propriétés chimiques de ces corps.** Nous la justifierons plus loin.

**118. Noms des corps simples.** — Chaque corps simple reçoit un nom particulier; les uns ont gardé les noms anciens, plus ou moins modifiés : argent, cuivre, fer, or, soufre; d'autres ont reçu, au fur et à mesure des découvertes, des noms rappelant une de leurs propriétés : le nom du chlore signifie jaune verdâtre. Parfois le nom d'un corps simple est emprunté à l'un de ses composés. Ainsi le nom du sodium est une modification du nom de la soude.

**119. Symboles des corps simples.** — Dans l'écriture, il est commode de représenter chaque corps simple par un symbole formé par la première lettre majuscule du nom (usuel ou ancien) du corps. Si plusieurs noms ont la même lettre initiale, on complète le symbole par une seconde lettre minuscule empruntée au nom du corps. Exemples :

| | |
|---|---|
| Oxygène | O |
| Sodium | Na (de natrium) |
| Argent | Ag |

**120. Poids atomiques.** — On a jugé commode de faire représenter à chaque symbole, non seulement le corps correspondant, mais un poids bien déterminé, choisi d'après des conventions établies par les chimistes. Ainsi :

| | | | |
|---|---|---|---|
| O | représente | 16 grammes d'oxygène |
| Na | — | 23 | — de sodium |

**Le poids représenté conventionnellement par le symbole d'un corps simple s'appelle poids atomique de ce corps.**

Le tableau ci-joint donne les symboles et les poids atomiques (valeurs approchées) des principaux corps simples. Les noms inscrits en caractères gras sont des métalloïdes, les autres sont des métaux. On trouve donc dans ce tableau 15 métalloïdes (on en connaît 20) et 21 métaux (on en connaît 60).

Le second tableau, destiné à permettre au lecteur de se familiariser avec les symboles et les poids atomiques, ne comprend que les corps dont il sera souvent question dans ce volume et les subdivise en métalloïdes et métaux, en indiquant l'état physique usuel.

## SYMBOLES ET POIDS ATOMIQUES
## DES PRINCIPAUX CORPS SIMPLES

| Noms | Symboles | Poids atomiques | Noms | Symboles | Poids atomiques |
|---|---|---|---|---|---|
| Aluminium... | Al | 27 | **Fluor** ........ | **F** | **19** |
| Antimoine.... | Sb | 120 | **Hydrogène** ... | **H** | **1** |
| Argent....... | Ag | 108 | **Iode** ........ | **I** | **127** |
| Arsenic ...... | As | 75 | Magnésium ... | Mg | 24 |
| **Azote** ........ | **Az** | **14** | Manganèse ... | Mn | 55 |
| Baryum....... | Ba | 137 | Mercure...... | Hg | 200 |
| Bismuth...... | Bi | 208 | Nickel........ | Ni | 59 |
| **Bore** ......... | **B** | **11** | Or .......... | Au | 197 |
| **Brome** ....... | **Br** | **80** | **Oxygène**...... | **O** | **16** |
| Cadmium .... | Cd | 112 | **Phosphore**.... | **P** | **31** |
| Calcium...... | Ca | 40 | Platine....... | Pt | 195 |
| **Carbone**...... | **C** | **12** | Plomb ....... | Pb | 207 |
| **Chlore** ....... | **Cl** | **35,5** | Potassium.... | K | 39 |
| Chrome ...... | Cr | 52 | **Sélénium**..... | **Se** | **79** |
| Cobalt ....... | Co | 59 | **Silicium** ..... | **Si** | **28** |
| Cuivre ....... | Cu | 64 | Sodium ...... | Na | 23 |
| Etain ........ | Sn | 119 | **Soufre** ....... | **S** | **32** |
| Fer.......... | Fe | 56 | Zinc......... | Zn | 65 |

## TABLEAU SIMPLIFIÉ
## DES SYMBOLES ET DES POIDS ATOMIQUES

### I. — MÉTALLOÏDES

|        |            |     |      |
|--------|------------|-----|------|
| Gaz... | Azote | Az | 14 |
|        | Chlore | Cl | 35,5 |
|        | Hydrogène | H | 1 |
|        | Oxygène | O | 16 |
| Solides | Carbone | C | 12 |
|        | Phosphore | P | 31 |
|        | Soufre | S | 32 |

### II. — MÉTAUX

|         |           |    |    |
|---------|-----------|----|----|
| Solides | Calcium | Ca | 40 |
|         | Cuivre | Cu | 64 |
|         | Fer | Fe | 56 |
|         | Potassium | K | 39 |
|         | Sodium | Na | 23 |
|         | Zinc | Zn | 65 |

**121. Formules des combinaisons.** — Les combinaisons peuvent se représenter facilement par des formules obtenues en associant les symboles des composants. Dans cette représentation, on tient compte des poids respectifs des composants et de la signification numérique de leurs symboles, de façon à permettre à la formule de traduire les résultats de l'analyse de chaque combinaison. Nous préciserons par quelques exemples qui ont été déjà entrevus.

**1° Formule de l'eau.** — Nous avons vu (50) que l'eau contient, en poids,

$$2^{gr} \text{ d'hydrogène et } 16^{gr} \text{ d'oxygène.}$$

Ces nombres (voir le tableau simplifié, p. 90) équivalent à :

2 fois le poids atomique de l'hydrogène ou **HH**
et 1 fois       —       de l'oxygène ou **O**.

Nous représenterons donc l'eau par :

**HHO** ou plus simplement **H²O**.

2° **Formule du chlorure de sodium.** — Ce corps est composé de :

35$^{gr}$,5 de chlore, représentés par **Cl**
et 23$^{gr}$ de sodium,       —       **Na**.

D'où la formule **ClNa**.

3° **Formule de l'acide chlorhydrique.** — Ce gaz est composé (82) de :

35$^{gr}$,5 de chlore, représentés par **Cl**
et 1$^{gr}$ d'hydrogène,       —       **H**.

D'où la formule **ClH**.

4° **Formule de l'acide sulfurique.** — L'analyse chimique montre que ce corps contient ·

Soufre ...... 32 gr. représentés par 1 fois **S**
Oxygène .... 64       —       4 fois **O**
Hydrogène .. 2       —       2 fois **H**

C'est ce que nous traduirons par la formule **SO⁴H²**.

Remarque I. — On voit, d'après ces quelques exemples, que les chiffres placés comme des exposants à droite de chaque symbole sont des *multiplicateurs*, qui indiquent combien de fois l'on doit prendre le poids atomique correspondant.

REMARQUE II. — Les mélanges nese représentent pas de la même façon que les combinaisons. On se borne à écrire les symboles ou les formules des composants du mélange en les séparant par le signe $+$.

Ainsi le mélange détonant fourni (49) par l'électrolyse de l'eau sera représenté par $2H + 0$.


**122. Utilité des formules.** — La connaissance de la formule d'un corps nous fournit immédiatement sa composition.

EXEMPLE. — La soude a pour formule : $NaOH$.
Cela signifie :

1° Que ce corps est une combinaison de sodium, d'oxygène et d'hydrogène;

2° Que les composants sont unis dans les proportions de :

$$\begin{aligned}
Na &= 23 \text{ grammes de sodium,}\\
O &= 16 \quad\quad - \quad\quad \text{d'oxygène,}\\
H &= 1 \quad\quad - \quad\quad \text{d'hydrogène,}\\
\hline
\text{pour } NaOH &= 40 \quad\quad - \quad\quad \text{de soude.}
\end{aligned}$$

De même la potasse a pour formule $KOH$, facile à interpréter à l'aide du tableau des poids atomiques.


**123. Équations chimiques.** — Il est commode de traduire les réactions chimiques par des égalités appelées *équations chimiques.*

On écrit dans le premier membre les formules de corps qui réagissent et dans le second membre les formules des produits de la réaction ; on affecte chaque formule de coefficients numériques choisis de telle façon que le poids de chacun des corps simples soit le même dans les deux membres. On obéit de la sorte à la loi de Lavoisier (43).

Exemple. — L'oxyde de cuivre de formule CuO chauffé en présence d'hydrogène nous a donné du cuivre et de l'eau (65). Nous écrirons :

$$\text{Hydrogène} + \text{Oxyde de cuivre} = \text{Eau} + \text{Cuivre}.$$

En remplaçant les noms par les formules, nous aurons l'équation :

$$2H + CuO = H^2O + Cu,$$

qui exprime que 2H ou $2^{gr}$ d'hydrogène agissent sur CuO ou $64 + 16 = 80^{gr}$ d'oxyde de cuivre pour donner :

$$H^2O \text{ ou } 2 + 16 = 18^{gr} \text{ d'eau et } Cu \text{ ou } 64^{gr} \text{ de cuivre.}$$

Ces équations chimiques sont d'un usage fréquent pour calculer les poids des produits d'une réaction dont on fournit les données.

# CHAPITRE XIII

## ACIDES, BASES, SELS. NOMENCLATURE

**124. Acides.** — Nous avons étudié les propriétés de l'*acide chlorhydrique* (87); sa formule est ClH. L'industrie nous livre ce corps en dissolution dans l'eau.

Nous avons rencontré (69) un autre corps, appelé *acide sulfurique* et ayant pour formule $SO^4H^2$.

Les chimistes ont été conduits à ranger ces corps dans un même groupe parmi les corps composés et à leur donner la dénomination d'**acide** parce qu'ils présentent un certain nombre d'analogies :

1° Leurs dissolutions aqueuses, même très étendues, ont une saveur, dite saveur acide qui rappelle celle du vinaigre; elles font **virer au rouge** la couleur bleue de la **teinture de tournesol.**

2° Ces dissolutions donnent avec le sodium, ([1]) le zinc, le fer, des réactions qui présentent de nombreux points de ressemblance. Ainsi, l'acide chlorhydrique est décomposé par le zinc avec dégagement d'hydrogène (86) et formation d'un corps nouveau, le chlo-

([1]) Les expériences de ce genre sont très dangereuses avec le sodium.

rure de zinc, dont la composition diffère de celle de l'acide chlorhydrique par le remplacement de $2^{gr}$ d'hydrogène ou 2H par $65^{gr}$ de zinc ou Zn.

C'est ce qu'exprime l'équation :

$$2ClH + Zn = 2H + Cl^2Zn.$$
Chlorure de zinc

De même, l'acide sulfurique étendu d'eau attaque le zinc (69) et le transforme en un corps nouveau, le sulfate de zinc, qui diffère de l'acide sulfurique par le remplacement de $2^{gr}$ d'hydrogène (2H) par $65^{gr}$ de zinc (Zn). C'est ce qu'exprime l'équation suivante, qui traduit la préparation usuelle de l'hydrogène (69) :

$$SO^4H^2 + Zn = 2H + SO^4Zn.$$
Sulfate de zinc

Le sodium Na serait, dans les mêmes conditions, transformé en chlorure de sodium ClNa par l'acide chlorhydrique et en sulfate de sodium $SO^4Na^2$ par l'acide sulfurique :

$$ClH + Na = H + ClNa,$$
$$SO^4H^2 + 2Na = 2H + SO^4Na^2.$$

3° Enfin, l'acide chlorhydrique réagit énergiquement sur la soude (87), et il est possible d'obtenir avec ces deux corps un mélange n'ayant plus aucune action sur la teinture de tournesol et ne contenant que du chlorure de sodium et de l'eau :

$$ClH + NaOH = ClNa + H^2O.$$

— 95 —

Dans les mêmes conditions, l'acide sulfurique donne du sulfate de sodium et de l'eau :

$$SO^4H^2 + 2NaOH = SO^4Na^2 + 2H^2O.$$

Dans toutes ces réactions, **le sodium a pris la place de l'hydrogène de l'acide.** Les corps simples qui pourraient, comme le zinc, le fer, jouer le même rôle que le sodium, sont **les métaux.**

On connaît de nombreux corps qui offrent les caractères que nous venons d'indiquer pour les acides chlorhydrique et sulfurique. Ces caractères définissent les acides. Toutefois la saveur acide pourra être plus ou moins prononcée et disparaître même pour les corps peu solubles dans l'eau ; l'action sur la teinture de tournesol n'aura pas toujours une netteté suffisante.

Nous ne retiendrons, dans nos définitions, que les derniers caractères et nous définirons ainsi les acides :

**On appelle acide tout composé hydrogéné capable de fournir, avec le sodium ou avec la soude, un composé nouveau qui diffère du composé hydrogéné par le remplacement, partiel ou total, de l'hydrogène par du sodium.**

Le rôle du sodium pourra d'ailleurs être joué par le calcium, le zinc, le fer, plus généralement par un métal. Aussi peut-on dire, en langage simplifié :

*Les acides sont des composés dont l'hydrogène est remplaçable par un métal.*

**125. Sels.** — Le type des sels est le chlorure de sodium ; c'est lui qui a donné le nom usuel de sel à tous les corps analogues.

Sa composition est semblable à celle de l'acide chlorhydrique ; les formules :

$$\text{ClNa} \qquad\qquad \text{ClH}$$

Chlorure de sodium        Acide chlorhydrique

nous rappellent que le chlorure de sodium peut être considéré comme provenant de l'acide chlorhydrique (121) par remplacement de **H** par **Na**.

De même le zinc, agissant sur l'acide chlorhydrique, donne un corps appelé chlorure de zinc, par le remplacement de **2H** par **Zn** :

$$2\text{ClH} + \text{Zn} = 2\text{H} + \text{Cl}^2\text{Zn}.$$

Chlorure de zinc

Nous dirons que **ce chlorure de zinc est un sel de l'acide chlorhydrique.**

À l'acide sulfurique correspondent également des corps, le sulfate de sodium, le sulfate de zinc, provenant du remplacement de l'hydrogène par du sodium ou du zinc :

$$\text{SO}^1\text{H}^2 \qquad \text{SO}^1\text{Na}^2 \qquad \text{SO}^1\text{Zn}$$

Acide sulfurique     Sulfate de sodium     Sulfate de zinc

Nous dirons que **ces sulfates sont des sels de** l'acide sulfurique.

À tout acide, nous ferons ainsi correspondre des sels, ainsi définis :

**On appelle sel tout composé résultant du remplacement, partiel ou total, de l'hydrogène d'un acide par un métal.**

**126. Bases.** — Nous avons vu que la soude réagit sur l'acide chlorhydrique pour donner du chlorure de

— 97 —

sodium et de l'eau (87). Tous les corps qui, avec les acides, peuvent jouer le même rôle que la soude, et qui ont des compositions semblables, sont rangés ensemble sous le nom de **bases**.

Ces corps présentent les caractères suivants :

1° Leurs dissolutions aqueuses font **virer au bleu la teinture de tournesol** rougie par un acide.

Ce caractère manque parfois de netteté et ne saurait s'appliquer aux corps insolubles dans l'eau ;

2° Les bases réagissent sur les acides dans des conditions analogues à celles que nous a fournies la soude en agissant sur l'acide chlorhydrique.

Ainsi la chaux (105), de formule $CaO^2H^2$, est une base ; elle agit sur l'acide chlorhydrique en donnant du chlorure de calcium et de l'eau :

$$2ClH + CaO^2H^2 = Cl^2Ca + 2H^2O,$$
Chlorure de calcium

réaction analogue à celle que donne la soude :

$$ClH + NaOH = ClNa + H^2O.$$
Chlorure de sodium

On a, de même, avec l'acide sulfurique :

$$SO^4H^2 + CaO^2H^2 = SO^4Ca + 2H^2O,$$
Sulfate de calcium

$$SO^4H^2 + 2NaOH = SO^4Na^2 + 2H^2O.$$
Sulfate de sodium

Les corps ainsi formés sont des sels dont la composition est nettement rattachée à celle des acides dont ils dérivent (124). D'où la définition :

**On donne le nom de bases à des corps capables, en agissant sur un acide, de donner de l'eau et un sel de cet acide.**

Les acides, les bases et les sels présentent donc des liens profonds résultant de réactions analogues à celles que nous venons d'indiquer ; toutes ces réactions peuvent se résumer dans l'équation :

$$\text{Acide} + \text{Base} = \text{Sel} + \text{Eau.}$$

**127. Réactifs colorés.** — Dans un assez grand nombre de cas, on peut reconnaître les acides et les bases sans faire de longues expériences en utilisant diverses matières colorantes capables de subir des changements de coloration lorsqu'on fait agir, en leur présence, un acide sur une base ou inversement.

Le plus connu de ces réactifs est le **tournesol**, matière que l'on prépare à partir des lichens. La dissolution usuelle est bleue; on l'utilise en la rendant *sensible* par l'addition progressive de petites quantités d'un acide. Avec quelques précautions, on arrive à lui donner, en solution diluée, une teinte mauve.

Dans ces conditions, le réactif rougit au contact des acides et devient bleu au contact des bases.

On peut aussi utiliser l'**hélianthine ou méthylorange** qui est jaune en solution au contact d'une base, rouge au contact d'un acide.

La **phénolphtaléine**, incolore au contact des acides, devient pourpre au contact des bases.

**128. Fonctions chimiques.** — Lorsque l'on rencontre plusieurs corps qui présentent des caractères chimiques communs, on est conduit à procéder comme nous venons de le faire pour les acides, les bases ou les sels, et l'on range dans un même groupe les corps dont les caractères sont semblables.

Ces caractères définissent ce que l'on appelle une **fonction chimique**. Nous venons d'étudier les fonctions chimiques les plus importantes : la fonction acide, la fonction base, la fonction sel.

**129. Nomenclature.** — Le nombre des corps simples est assez petit pour que l'on ait jugé utile de nommer les combinaisons en associant les noms des composants suivant des règles déterminées qui constituent la **nomenclature.**

Examinons les principaux cas.

**130. Combinaisons binaires oxygénées.** — Ce sont les combinaisons d'un corps simple avec l'oxygène.

On les nomme, en général, **oxydes,** et l'on rappelle le nom du corps combiné à l'oxygène.

*Exemple :* Le mercure combiné à l'oxygène donne l'oxyde de mercure.

Mais un corps simple peut donner plus d'une combinaison avec l'oxygène. On qualifie ces combinaisons à l'aide d'adjectifs formés en modifiant le nom du corps simple à l'aide des terminaisons **eux** ou **ique.**

Quand il y a deux combinaisons à nommer, la terminaison **ique** est attribuée à la plus riche en oxygène.

*Exemples :* Le cuivre et l'oxygène donnent :

l'oxyde cuivreux,     l'oxyde cuivrique,
$Cu^2O$            $CuO$

Parfois, on emploie, pour le composé le plus riche en oxygène, le préfixe **per.**

*Exemple :* Le sodium et l'oxygène donnent :

l'oxyde de sodium,     le peroxyde de sodium,
$Na^2O$            $Na^2O^3$

Exceptions. — Certains oxydes peuvent, au contact de l'eau, donner des acides.

On leur réserve la dénomination d'anhydrides et on les qualifie par les terminaisons **eux** ou **ique**.

*Exemples :* Le phosphore et l'oxygène donnent :

l'anhydride phosphorique $P^2O^5$.

Le soufre et l'oxygène donnent :

l'anhydride sulfureux,     l'anhydride sulfurique,
$SO^2$                     $SO^3$

**131.** Remarque. — Le plus souvent les anhydrides sont formés par la combinaison d'un métalloïde avec l'oxygène. Mais les oxydes (non anhydrides) peuvent provenir d'un métalloïde ou d'un métal.

Certains oxydes, en présence de l'eau, donnent des bases (126). On les appelle **oxydes basiques** :

$CaO$ : oxyde de calcium.

Cette notion a permis de répartir les corps simples en deux groupes :

1° On range parmi **les métaux** les corps simples qui donnent **au moins un oxyde basique.** C'est pour cette raison que le sodium, le calcium doivent être considérés comme des métaux.

2° On range parmi **les métalloïdes** les corps simples qui ne fournissent **pas d'oxyde basique.**

**132. Combinaisons binaires non oxygénées.** — Nous nous bornerons à indiquer ce qui concerne les combinaisons formées par un métalloïde et un métal. On



6*

les nomme en affectant de la **terminaison ure** le nom du métalloïde et l'on ajoute le nom du métal, modifié, s'il y a lieu, par les terminaisons **eux** ou **ique**.

*Exemples :* Le chlore (métalloïde) et le sodium (métal) donnent :

le chlorure de sodium ClNa.

Le chlore et le fer donnent :

le chlorure ferreux,    le chlorure ferrique,
$Cl^2Fe$            $Cl^3Fe$

**133. Acides et sels.** — On les divise en deux groupes.

1° **Les acides non oxygénés**, formés par la combinaison de l'hydrogène avec un corps simple, se nomment en affectant le nom de ce corps de la **terminaison hydrique**.

*Exemple.* — Acide chlor**hydrique** : ClH.

Les sels de ces acides sont des combinaisons binaires non oxygénées; ainsi les sels de l'acide chlorhydrique sont des chlorures. Celui qui correspond au sodium est le chlorure de sodium ClNa.

2° **Les acides oxygénés** se nomment comme les anhydrides correspondants.

*Exemple.* — A l'anhydride phosphorique correspond l'acide phosphorique.

Les sels correspondants sont oxygénés; pour les nommer, on modifie le nom de l'acide en changeant :

ique en ate    et    eux en ite

et l'on ajoute le nom du métal.

*Exemples :* Les sels de l'acide carbonique sont des carbonates. Celui qui correspond au calcium est le

Carbonate de calcium.

**184. Bases.** — Les bases contiennent un métal, de l'hydrogène et de l'oxygène. On les appelle **hydrates métalliques.** Pour désigner une base, on ajoute au mot hydrate le nom du métal.

Mais les bases les plus importantes gardent souvent leurs noms anciens. *Exemples :*

Hydrate de sodium : $NaOH$ (soude),
Hydrate de calcium : $CaO^2H^2$ (chaux).

Remarque. — Les bases très solubles dans l'eau sont souvent désignées sous le nom d'alcalis.

# CHAPITRE XIV

# GAZ AMMONIAC. AMMONIAQUE

**135. État naturel.** — La putréfaction de diverses matières organiques (urine, fumier) est accompagnée d'une odeur âcre, pénétrante, qui provoque les larmes. Cette odeur est due à un gaz appelé **gaz ammoniac.**

L'industrie prépare ce gaz et le livre au commerce à l'état de dissolution dans l'eau, sous la forme d'un liquide incolore appelé **ammoniaque** ou alcali volatil.

**136. Propriétés physiques.** — Le gaz ammoniac est incolore. Il possède, ainsi que sa dissolution dans l'eau, l'odeur pénétrante dont nous avons parlé plus haut.

On ne doit respirer ce gaz qu'avec prudence, car il irrite vivement les voies respiratoires.

Le gaz ammoniac est moins dense que l'air; un litre de ce gaz, mesuré dans les conditions normales, pèse $0^{gr},77$. Sa densité par rapport à l'air est donc : $0,77 : 1,3 = 0,59$.

Ce gaz est facilement liquéfiable, mais il n'est pas nécessaire d'avoir recours à la liquéfaction pour le transporter sous un petit volume, car il est très soluble dans l'eau : un litre d'eau peut dissoudre environ

700 litres de gaz ammoniac, à la température ordinaire (plus de 1.000 litres à 0°).

Cette grande solubilité peut se montrer par des expériences analogues à celles que nous avons réalisées avec l'acide chlorhydrique (79) (*fig.* 50 et 51).

Si l'eau a été additionnée de teinture de tournesol rouge, ce réactif bleuit. Ce fait,

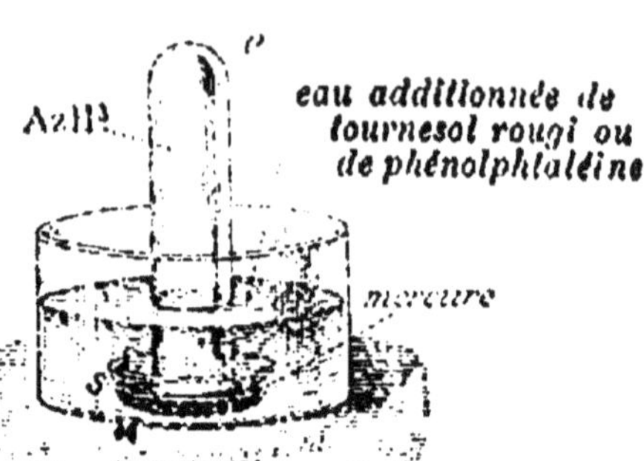


Fig. 50. — Solubilité du gaz ammoniac.

sur lequel nous aurons à revenir, nous montre que la dissolution ammoniacale a des propriétés basiques.

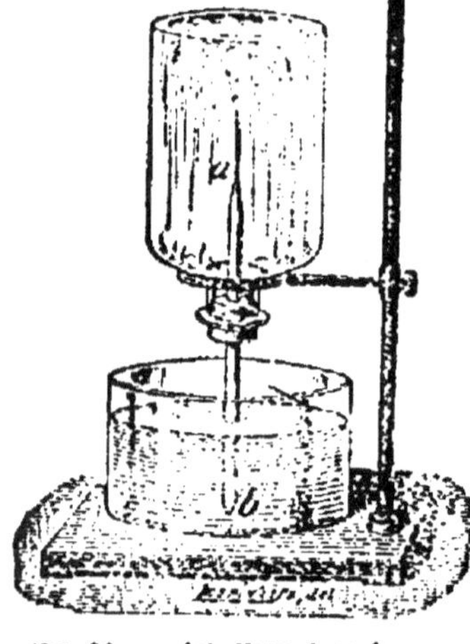

Fig. 51. — Jet d'eau dans le gaz ammoniac.

**137. Dissolution commerciale.** — La dissolution aqueuse de gaz ammoniac, désignée sous le nom d'ammoniaque, est un liquide incolore.

Lorsqu'on chauffe, même légèrement, ce liquide, on provoque le dégagement du gaz dissous ; on peut donc utiliser cette dissolution pour obtenir rapidement le gaz ammoniac dans les laboratoires (145).

Ce dégagement de gaz se produit même spontanément lorsque la dissolution est abandonnée à l'air ; aussi doit-on la conserver en flacons bien bouchés.

La facilité avec laquelle l'ammoniaque perd son gaz par volatilisation justifie le qualificatif de volatil, ajouté au nom d'alcali (*alcali volatil*), qui rappelle les propriétés basiques (131) de ce liquide.

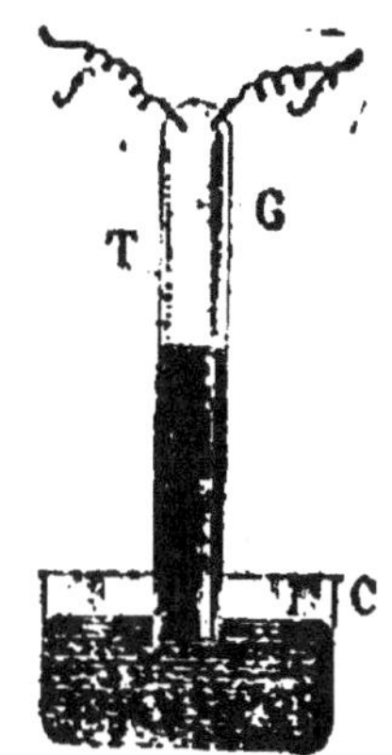

Fıg. 52. — Eudiomètre.

**138. Propriétés chimiques. —** **Décomposition du gaz ammoniac. —** Le gaz ammoniac est un corps composé. En effet, si on le fait passer dans un tube en fer fortement chauffé, ou encore si l'on fait jaillir dans le gaz ammoniac, introduit dans un eudiomètre (*fig.* 52), une série prolongée d'étincelles électriques, on obtient un mélange d'azote et d'hydrogène.

L'opération, effectuée avec précision, fournit la composition du gaz ammoniac ; on trouve, en effet, que **20** centimètres cubes de gaz ammoniac fournissent, en se décomposant :

40 centimètres cubes formés par $\begin{cases} 10 \text{ cm}^3 \text{ d'azote} \\ 30 \quad - \text{ d'hydrogène.} \end{cases}$

La composition du gaz ammoniac est donc exprimée par les nombres suivants (les volumes résultent des mesures ci-dessus, les poids s'en déduisent par le calcul) :

| | | Volumes | Poids |
|---|---|---|---|
| Gaz | Azote......... | 1 | 14 gr. |
| composants | Hydrogène.... | 3 | 3 — |
| Gaz composé... | Ammoniac.... | 2 | 17 gr. |

### *Gaz ammoniac. Ammoniaque*

C'est ce que nous représenterons par la formule :

$$AzH^3$$

**Az** $=$ 14 gr. d'azote, **H** $=$ 1 gr. d'hydrogène.

Ces nombres, rapprochés de la composition en volumes, nous montrent que :

1 gramme d'hydrogène représenté par **H**

et

14 grammes d'azote représentés par **Az**,

occupent le même volume si on les mesure dans les mêmes conditions. Nous aurons à revenir sur ce fait important.

**139. Combustion du gaz ammoniac dans l'oxygène.** — Le gaz ammoniac ne peut pas être enflammé dans l'air, mais il est possible de réaliser sa combustion dans l'oxygène.

Deux phénomènes bien différents peuvent être obtenus :

1° **L'oxygène peut se combiner avec l'hydrogène et laisser l'azote libre.** C'est ce qui a lieu lorsqu'on enflamme un jet de gaz ammoniac dans un flacon d'oxygène. Il y a combustion avec production d'une flamme pâle et formation de vapeur d'eau. La réaction peut être représentée par l'équation :

$$2AzH^3 + 3O = 2Az + 3H^2O.$$

Un mélange de gaz ammoniac et d'oxygène, effectué suivant les proportions indiquées par cette équation (156), détone au contact d'une flamme ou d'une étincelle électrique.

**2° L'oxygène peut se combiner aussi avec l'azote.** C'est ce qui a lieu si l'on fait passer sur certains corps poreux, modérément chauffés, par exemple sur du platine divisé en particules excessivement petites (mousse de platine), un mélange d'oxygène et de gaz ammoniac (*fig.* 53).

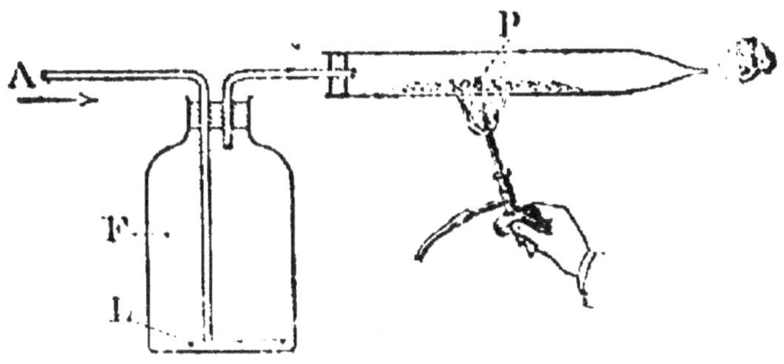


Fig. 53. — Transformation de l'ammoniaque en acide azotique, par oxydation en présence d'un corps poreux.

On voit se dégager des fumées blanches ayant la propriété de rougir la teinture de tournesol. Il s'est formé un acide, appelé acide azotique, dont nous aurons à nous occuper plus loin. Sa formule est $AzO^3H$. L'azote a donc été oxydé. Cette réaction, très importante (219), peut être représentée par l'équation :

$$AzH^3 + 4O = AzO^3H + H^2O.$$
Acide azotique

**140. Propriétés basiques de l'ammoniaque.** — La solution ammoniacale bleuit la teinture de tournesol rougie par un acide et se comporte, dans ces conditions, comme une solution de soude. L'analogie entre l'ammoniaque et la soude se poursuit si l'on examine l'action de l'ammoniaque sur un acide ; si l'on verse lentement une dissolution d'ammoniaque dans une dissolution d'acide chlorhydrique additionnée de tournesol, on observe un grand dégagement de chaleur, et il est possible d'obtenir ainsi un mélange n'ayant plus aucune action sur le réactif coloré.

L'analyse du liquide montre alors qu'il ne contient plus ni ammoniaque ni acide chlorhydrique. Son évaporation dégage de l'eau et laisse un résidu solide blanc, de formule $ClAzH^4$, appelé **chlorure d'ammonium**, présentant de nombreuses analogies avec le chlorure de sodium.

Les chimistes ont été conduits à considérer ce corps solide comme un sel ; dès lors, l'expérience précédente montre que **l'ammoniaque est une base.**

Ce même sel se produit toutes les fois que le gaz ammoniac se trouve en présence du gaz chlorhydrique ; si nous approchons l'une de l'autre deux baguettes de verre trempées, l'une dans l'ammoniaque, l'autre dans l'acide chlorhydrique, nous verrons se former d'abondantes fumées blanches de chlorure d'ammonium. La combinaison s'est effectuée d'après l'équation :

$$ClH + AzH^3 = ClAzH^4.$$
$$\text{(Gaz)} \quad \text{(Gaz)} \quad \text{Chlorure d'ammonium}$$
$$\text{(Solide)}$$

Des combinaisons analogues peuvent s'obtenir avec tous les acides. Avec l'acide sulfurique on obtient le sulfate d'ammonium :

$$SO^4H^2 + 2AzH^3 = SO^4(AzH^4)^2.$$
$$\text{Sulfate d'ammonium}$$

Ces sels s'appellent sels ammoniacaux.

**141. Décomposition par le chlore.** — Le chlore qui décompose avec facilité la plupart des composés hydrogénés (109), détruit le gaz ammoniac et s'empare de son hydrogène pour former du gaz chlorhydrique :

$$AzH^3 + 3Cl = Az + 3ClH,$$

mais le gaz chlorhydrique ainsi formé se combine aussitôt au gaz ammoniac restant pour donner du chlorure d'ammonium :

$$3ClH + 3AzH^3 = 3ClAzH^4,$$

de sorte que l'on a en réalité :

$$3ClH + 4AzH^3 = Az + 3ClAzH^4.$$

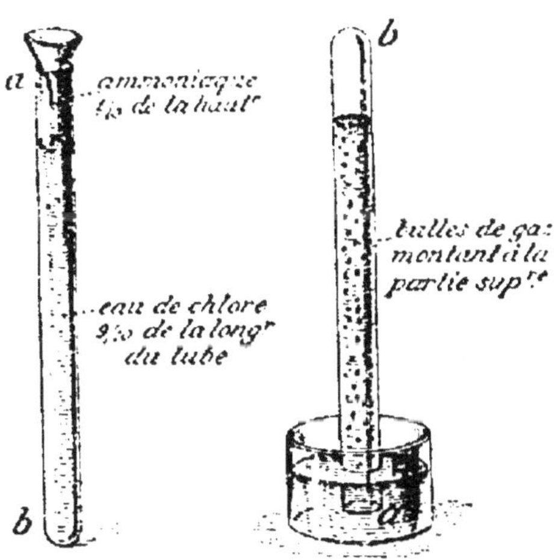


Fig. 54. — Action du chlore sur l'ammoniaque

Cette réaction peut s'obtenir, soit avec les gaz, soit avec les dissolutions.

1° Un jet de gaz ammoniac dirigé dans un flacon de chlore s'enflamme spontanément en produisant d'abondantes fumées blanches de chlorure d'ammonium.

Mais on ne peut ainsi constater facilement la production d'azote.

2° On peut manifester la présence de ce gaz en versant de l'ammoniaque sur de l'eau de chlore dans un long tube de verre (*fig.* 84), fermé à une de ses extrémités; on ferme le tube avec le doigt, on le retourne et on l'ouvre sur une cuve à eau. Les liquides se mélangent et réagissent aussitôt pour donner de fines bulles gazeuses, qui vont se rassembler à la partie supérieure du tube. On peut vérifier que ce gaz est de l'azote.

La destruction du gaz ammoniac par le *chlore* explique le *rôle désinfectant* de ce dernier gaz (112).

**142. Sources d'ammoniaque.** — L'industrie prépare l'ammoniaque en s'adressant aux urines putréfiées ou mieux aux eaux d'épuration du gaz d'éclairage.

L'urine ne contient pas d'ammoniaque, mais elle contient une matière azotée l'**urée,** qui, en se putréfiant, se transforme en un sel appelé **carbonate d'ammonium.**

La houille, soumise à l'action de la chaleur, subit une décomposition complexe et dégage des gaz dont la majeure partie fournit le gaz d'éclairage; en même temps il se forme du gaz ammoniac et des sels ammoniacaux, produits qui sont retenus par les eaux d'épuration du gaz et qui prennent le nom d'**eaux ammoniacales.**

**143. Extraction industrielle.** — On obtient facilement du gaz ammoniac en chauffant avec de la chaux le *carbonate d'ammonium des urines putréfiées* ou *les eaux ammoniacales des usines à gaz.*

Le gaz dégagé est reçu dans l'eau et fournit la dissolution commerciale que nous avons étudiée sous le nom d'ammoniaque.

Parfois on ajoute à l'eau un acide et l'on obtient une dissolution d'un sel ammoniacal, qu'il suffit d'évaporer pour obtenir le sel correspondant.

Avec l'*acide chlorhydrique* on obtient ainsi le *chlorure d'ammonium*. L'*acide sulfurique* fournit de même le *sulfate d'ammonium*.

**144. Préparation des laboratoires.** — On imite parfois, dans les laboratoires, la préparation industrielle du gaz ammoniac, mais, au lieu de s'adresser

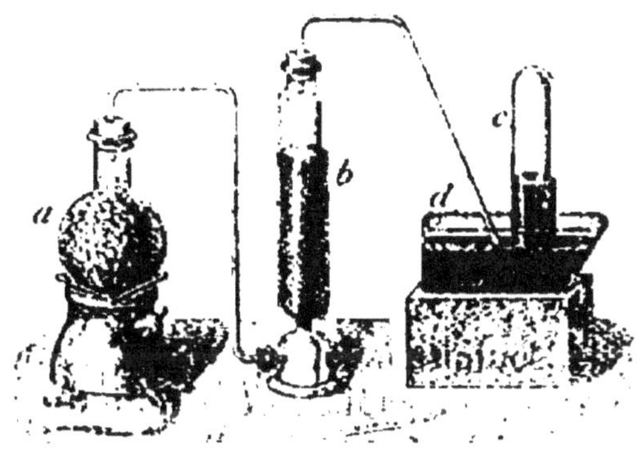

Fig. 55. — Préparation du gaz ammoniac.

aux sources peu commodes dont il a été question plus haut, on s'adresse à un sel ammoniacal tel que le chlorure ou le sulfate d'ammonium.

*Un sel ammoniacal traité par la chaux dégage du gaz ammoniac.*

Le chlorure d'ammonium, par exemple, et la chaux sont pulvérisés, puis mélangés. Aussitôt on perçoit l'odeur du gaz ammoniac. On active le dégagement en chauffant légèrement le mélange dans un ballon *a* (*fig.* 55). Il se forme de l'eau que l'on retient en achevant de remplir le ballon avec de la chaux vive et aussi en dirigeant le gaz ammoniac dans une éprouvette *b* contenant des fragments de chaux vive.

La réaction transforme en chlorure de calcium la chaux mélangée au chlorure d'ammonium :

$$2ClAzH^4 + CaO = 2AzH^3 + H^2O + Cl^2Ca.$$

Chlorure de calcium

Le gaz ammoniac est recueilli dans une éprouvette renversée sur la cuve à mercure.

On peut aussi profiter de sa faible densité et le recueillir de bas en haut dans un flacon (*fig.* 56), dont l'air se trouve déplacé par le gaz ammoniac.

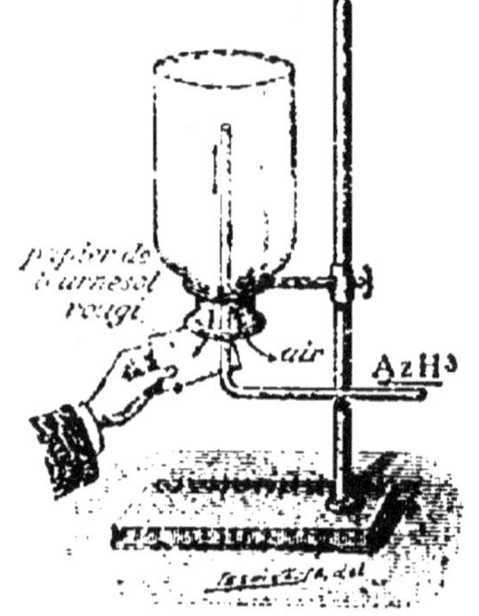


Fig. 56. — Recueillir le gaz ammoniac par déplacement.

**145. Préparation simplifiée des laboratoires.** — On obtient plus facilement un dégagement de gaz ammoniac en chauffant la dissolution commerciale d'ammoniaque (137). L'appareil ne diffère pas de celui qui vient d'être décrit (*fig.* 55).

**146. Applications.** — Parmi les nombreuses applications de l'ammoniac ou de sa dissolution, nous citerons :

1° L'utilisation des **propriétés basiques** de la dissolution dans les laboratoires et dans l'industrie ;

2° L'emploi du **gaz ammoniac liquéfié**, dont la vaporisation peut servir, comme celle de nombreux liquides volatils, à la production du froid (fabrication de la glace artificielle) ;

3° L'emploi de l'ammoniaque en médecine, comme **caustique**, par exemple pour cautériser les piqûres produites par les insectes venimeux.

4° Le **dégraissage** des vêtements ;

5° La *préparation des sels ammoniacaux*.

Les plus importants sont le chlorure et le sulfate d'ammonium ; ce dernier est surtout utilisé en agriculture, comme engrais.

## Chlorure d'ammonium ou sel ammoniac

**147. Propriétés.** — Nous avons vu (143) comment l'industrie obtient le sel appelé chlorure d'ammonium ou sel ammoniac.

C'est un corps solide blanc, très soluble dans l'eau. L'évaporation de sa dissolution l'abandonne à l'état de cristaux.

Soumis à l'influence de la chaleur, ce sel ne fond pas, mais se réduit en vapeurs qui, par refroidissement, se solidifient directement sans passer par l'état liquide et reconstituent le sel solide. Cette propriété, qui porte le nom de **sublimation**, peut se vérifier aisément en chauffant le chlorure d'ammonium dans un ballon ; par sublimation, les vapeurs vont se solidifier dans le col froid du ballon.

L'industrie réalise cette opération pour purifier le sel ammoniac en le séparant des matières non volatiles qui peuvent l'accompagner. Le sel ammoniac ainsi sublimé se présente en blocs d'aspect fibreux.

Ce sel et sa dissolution sont utilisés pour nettoyer ou décaper certains métaux avant de les souder ; le chlorure d'ammonium dissout à chaud les dépôts d'oxydes qui recouvrent les surfaces à souder et les transforme en chlorures, corps *volatils*.

# CHAPITRE XV

# LOIS DES VOLUMES. POIDS MOLÉCULAIRES
# CALCULS USUELS RELATIFS AUX GAZ

**148. Lois des volumes (Gay-Lussac).** — Les rapports des poids suivant lesquels les corps se combinent sont, en général, compliqués. Il n'en est pas de même pour les volumes, lorsqu'il s'agit de corps gazeux.

Comparons, en effet, les **volumes des composants gazeux** de quelques combinaisons et aussi, lorsque la chose est possible, le **volume du composé** (tous les volumes étant mesurés dans les mêmes conditions de température et de pression).

1° Le chlore et l'hydrogène se combinent à **volumes égaux** (108) et le volume du gaz acide chlorhydrique formé est **double** du volume de l'un des composants :

|  |  | Volumes |
|---|---|---|
| Gaz composants { | chlore | 1 |
| | hydrogène | 1 |
| Gaz composé... : | acide chlorhydrique | 2 |

2° Les volumes d'oxygène et d'hydrogène qui se combinent pour former de l'eau sont dans le rapport de 1 à 2 (49), et le volume de la vapeur d'eau formée([1]) est **double** de celui de l'oxygène :

|  |  | Volumes |
|---|---|---|
| Gaz composants | oxygène | 1 |
|  | hydrogène | 2 |
| Gaz composé... : | vapeur d'eau | 2 |

3° Les volumes d'azote et d'hydrogène qui se combinent pour former le gaz ammoniac sont dans le rapport de 1 à 3 (138), et le volume du gaz formé est **double** de celui de l'azote :

|  |  | Volumes |
|---|---|---|
| Gaz composants | azote | 1 |
|  | hydrogène | 3 |
| Gaz composé... : | ammoniac | 2 |

Ces faits sont généraux et conduisent aux lois suivantes énoncées par Gay-Lussac :

I. — **Les volumes des gaz qui forment une combinaison sont dans un rapport simple.**

II. — **Le volume d'une combinaison gazeuse est en rapports simples avec les volumes de ses composants gazeux.**

On appelle rapports simples les rapports dont les termes sont des nombres entiers et petits, tels que 1, 2, 3, 4...

On peut ajouter à ces lois quelques remarques :

*1° Lorsque les volumes des composants gazeux sont égaux, le volume du composé peut être égal à la somme des volumes des composants.*

([1]) Ce volume peut se mesurer si l'on fait la synthèse de l'eau dans un eudiomètre (49) chauffé au-dessus de 100°. L'eau ne se condense pas et reste à l'état de vapeur.



7*

C'est le cas du gaz chlorhydrique;

*2° Lorsque les volumes des composants gazeux sont inégaux, le volume du composé est plus petit que la somme des volumes des composants : la combinaison est accompagnée d'une contraction.*

**149. Poids moléculaires.** — Nous avons appris à représenter les combinaisons par des formules (121). Les symboles qui figurent dans ces formules représentent des poids auxquels on a donné le nom de poids atomiques (120).

Il en résulte qu'une formule représente aussi un poids déterminé facile à calculer lorsqu'on connaît le tableau des poids atomiques.

Calculons les poids représentés par quelques-unes des formules déjà citées :

| Formule et nom | Poids des composants | Poids du composé |
|---|---|---|
| $H^2O$ (eau)................... | 2 + 16 | 18 |
| ClH (gaz chlorhydrique)..... | 35,5 + 1 | 36,5 |
| ClNa (chlorure de sodium)... | 35,5 + 23 | 58,5 |
| NaOH (soude)................ | 23 + 16 + 1 | 40 |
| $AzH^3$ (ammoniac)........... | 14 + 3 | 17 |

Ces poids sont appelés **poids moléculaires.**

Le poids moléculaire d'une combinaison est donc le poids que représente la formule usuelle de la combinaison.

On prend généralement le gramme comme unité ; le poids moléculaire s'appelle alors **molécule-gramme.**

**150. Volume moléculaire.** — Les formules des corps gazeux ont une propriété importante : elles **représentent des poids occupant le même volume,** mesurés dans les mêmes conditions.

Lorsque les poids sont exprimés en grammes, ce volume commun aux molécules-grammes des gaz est égal à $22^{lit},4$ dans les conditions normales. On l'appelle **volume moléculaire**.

*Exemples :*

$$\left. \begin{array}{l} \text{ClH ou } 36^{gr},5 \text{ de gaz chlorhydrique} \\ \text{AzH}^3 \text{ ou } 17^{gr} \text{ de gaz ammoniac} \end{array} \right\} \text{occupent } 22^{lit},4$$

Il est intéressant de rechercher les poids des gaz simples occupant ce même volume de $22^{lit},4$. Faisons le calcul pour l'oxygène : un litre de ce gaz pèse $1^{gr},43$, le poids d'oxygène occupant $22^{lit},4$ est donc :

$$22,4 \times 1,43 = 32 \text{ grammes.}$$

C'est le double du poids atomique de l'oxygène. On peut le représenter par $O^2$.

On trouve, de même, que les poids :

$$\left. \begin{array}{lll} 2 \text{ grammes} & \text{d'hydrogène ou } & \text{H}^2 \\ 28 \quad — & \text{d'azote ou } & \text{Az}^2 \\ 71 \quad — & \text{de chlore ou } & \text{Cl}^2 \end{array} \right\} \text{occupent } 22^{lit},4$$

Nous dirons, pour simplifier, que ces poids sont les poids moléculaires de ces gaz simples.

**151. Poids moléculaires des gaz.** — On peut alors donner la définition suivante, applicable aux gaz simples ou composés :

Le poids moléculaire d'un gaz ou d'une vapeur est le poids de ce corps qui occupe le même volume que 32 grammes d'oxygène (ou 2 grammes d'hydrogène), dans les mêmes conditions de température et de pression.

**152. Volume atomique des gaz simples. —**
Puisque les poids représentés par :

$$O^2 \quad H^2 \quad Az^2 \quad Cl^2$$

occupent le même volume de $22^{lit},4$ dans les conditions normales, les poids atomiques :

| O | H | Az | Cl |
|---|---|----|----|
| 16 | 1 | 14 | 35,5 |

occupent un volume commun égal à $11^{lit},2$.

On l'appelle **volume atomique** de ces gaz. Les chimistes le prennent souvent pour unité de volume.

Remarque. — Les résultats si simples qui viennent d'être exposés ne sont pas applicables, sans modifications, aux corps simples usuels non gazeux.

## Calculs usuels sur les gaz

**153. Densité d'un gaz par rapport à l'air. —** On appelle densité d'un gaz par rapport à l'air le rapport du poids d'un volume quelconque du gaz au poids d'un égal volume d'air dans les mêmes conditions de température et de pression.

Cette densité se détermine par l'expérience.

Puisque nous connaissons les poids de $22^{lit},4$ de divers gaz, nous pourrions facilement retrouver par le calcul la densité d'un gaz par rapport à l'air si nous connaissions le poids de $22^{lit},4$ d'air.

Or 1 litre d'air (conditions normales) pèse $1^{gr},293$. Donc le poids de $22^{lit},4$ d'air est (en ne conservant qu'une décimale) :

$$22,4 \times 1,293 = 28^{gr},9.$$

Nous sommes donc en mesure de calculer les densités des gaz simples ou composés par rapport à l'air en considérant $22^{lit},4$ de ces gaz. Nous avons, par exemple, les poids, appelés poids moléculaires :

| $O^2$ | $H^2$ | $Az^2$ | $Cl^2$ | $ClH$ | $AzH^3$ |
|---|---|---|---|---|---|
| 32 | 2 | 28 | 71 | 36,5 | 17 |

qui occupent le même volume que $28^{gr},9$ d'air.

Les densités par rapport à l'air sont donc :

| Oxygène | Hydrogène | Azote | Ammoniac |
|---|---|---|---|
| $\dfrac{32}{28,9}$ | $\dfrac{2}{28,9}$ | $\dfrac{28}{28,9}$ | $\dfrac{17}{28,9}$ |

Plus généralement, si l'on désigne le poids moléculaire d'un gaz par $M$, sa densité $D_A$ par rapport à l'air obéit à la formule :

$$D_A = \frac{M}{28,9}.$$

Comme $M$ se déduit aisément de la formule du gaz, on voit qu'il n'est plus utile de retenir les densités des gaz, faciles à retrouver par le calcul.

**154. Densité d'un gaz par rapport à l'hydrogène.** — Nous pourrions calculer avec la même facilité la densité d'un gaz par rapport à un autre gaz; le calcul devient tout à fait simple si l'on cherche la densité par rapport à l'hydrogène.

En effet, le poids moléculaire $M$ du gaz et le poids 2 grammes d'hydrogène occupent le même volume. Donc la densité $D_H$ du gaz rapport à l'hydrogène est :

$$D_H = \frac{M}{2}.$$

Elle vaut donc la moitié du poids moléculaire.

*Exemple.* — La densité de l'oxygène par rapport à l'hydrogène est $32 : 2 = 16$.

**155. Poids d'un litre d'un gaz.**— Nous venons de voir que le poids moléculaire **M** grammes d'un gaz occupe $22^{lit},4$ dans les conditions normales. Le poids d'un litre de ce gaz vaut donc :

$$p = \frac{M}{22,4}.$$

*Exemple.* — Le poids d'un litre d'hydrogène, dans les conditions normales, vaut $2 : 22,4 = 0^{gr},09$.

**156. Composition en volumes.** — Choisissons pour unité de volume le volume atomique des gaz usuels, c'est-à-dire celui qui est occupé par les poids :

$$O, \quad H, \quad Cl, \quad Az.$$

Ce choix s'exprimera en disant que ces poids occupent 1 volume.

Dans les mêmes conditions, nous avons vu (150) que les poids moléculaires des gaz, c'est-à-dire ceux qui sont représentés par les formules, occupent un volume double, c'est-à-dire 2 volumes.

La simple lecture d'une formule fournit aussitôt la composition en volumes, pourvu que les composants soient des gaz usuels.

EXEMPLE. — La formule ClH rappelle la composition :

| Gaz composants | | Gaz composé |
|---|---|---|
| Chlore | Hydrogène | Acide chlorhydrique |
| 1 vol. | 1 vol. | 2 vol. |

*Lois des volumes. Poids moléculaires*

La formule $AzH^3$ rappelle de même la composition :

| Gaz composants | | Gaz composé |
| --- | --- | --- |
| Azote | Hydrogène | Ammoniac |
| 1 vol. | 3 vol. | 2 vol. |

A l'utilité de nous rappeler toujours la composition en poids, les formules joignent donc, dans le cas des corps gazeux, la propriété de rappeler la composition en volumes.

*Mais les calculs relatifs aux poids exigent l'emploi du tableau des poids atomiques ; les calculs relatifs aux volumes ne nécessitent que la lecture de la formule.*

**157. Application aux équations chimiques. —** Les équations chimiques permettent de calculer aisément les poids (123) des produits d'une réaction ou les poids des corps à employer pour obtenir un résultat déterminé.

Lorsque l'un des corps est gazeux, les notions qui précèdent permettent de résoudre simplement les questions relatives aux volumes, sans avoir besoin de calculer le poids du corps gazeux.

C'est ce qui va être mis en évidence par quelques exemples.

**158.** Problème. — *Proposons-nous de rechercher le poids d'oxylithe susceptible de nous fournir au contact de l'eau (34) un mètre cube d'oxygène (mesuré dans les conditions normales).*

Nous admettons que l'oxylithe a pour formule $Na^2O^2$ ; sa décomposition par l'eau fournit de la soude et de l'oxygène.

Traduisons ce fait par une équation en faisant figurer sous la formule de l'oxylithe le poids correspondant :

$$Na^2O^2 + H^2O = 2NaOH + O$$
$$2 (23 + 16) \qquad\qquad 1 \text{ vol.}$$

Nous voyons que 2 (23 + 16) ou 78$^{gr}$ de peroxyde de sodium fourniront 1 volume ou 11$^{lit}$,2 d'oxygène.

Un litre serait donc fourni par 78 : 11,2 et un mètre cube (ou 1.000 litres) correspondrait à :

$$\frac{1000 \times 78}{11,2} = 6.964 \text{ grammes (environ 7}^{kg}\text{)}.$$

**159. Problème.** — *Quel est le volume d'hydrogène (mesuré dans les conditions normales) que pourrait fournir l'attaque complète de 15 grammes de zinc par un acide (acide sulfurique ou acide chlorhydrique)?*

On a vu (124) que la réaction s'exprime par l'une ou l'autre des équations :

$$Zn + SO^4H^2 = 2H + SO^4Zn,$$
$$Zn + 2ClH = 2H + Cl^2Zn.$$

Il en résulte que le poids Zn ou 65 grammes de zinc peut fournir 2 H ou 22$^{lit}$,4 d'hydrogène.

1 gramme de zinc fournirait donc un volume égal à 22$^{lit}$,4 : 65, et 15 grammes fourniraient :

$$\frac{22^l,4 \times 15}{65} = 5^{lit},169.$$

**160. Problème.** — *Quel est le volume d'oxygène (conditions normales) que pourrait fournir la décom-*

position d'un kilogramme de chlorate de potassium?

On verra (301) que la décomposition s'effectue d'après l'équation :

$$ClO^3K = 3O + ClK$$
Chlorate de potassium        Chlorure de potassium

Or $ClO^3K = 35,5 + 3 \times 16 + 39 = 122,5$.

Donc $122^{gr},5$ de chlorate de potassium dégagent 3 fois O ou $3 \times 11^{lit},2$ d'oxygène; 1 gramme en fournirait $3 \times 11,2 : 122,5$, et 1 kilogramme donnerait :

$$\frac{3 \times 11,2 \times 1.000}{122,5} = 274^{lit},28.$$

# CHAPITRE XVI

## SOUFRE

**Symbole : S**             **Poids atomique : 32**

**161. État naturel.** — Le soufre est un corps simple que l'on trouve dans les régions volcaniques, à l'état de mélange avec d'autres roches.

Cet état naturel d'un corps simple, non combiné à d'autres corps, s'appelle *état natif.*

On trouve également le soufre à l'état de combinaisons variées, *sulfures et sulfates.*

**162. Propriétés physiques.** — Le soufre est livré au commerce soit sous la forme de blocs légèrement coniques, dénommés *canons de soufre,* soit à l'état de poudre fine, appelée *fleur de soufre.*

À l'état solide, le soufre est jaune citron, sans odeur ni saveur. Il est cassant, facile à pulvériser.

Sa densité est voisine de $2^{gr}$ par centimètre cube.

Le soufre est mauvais conducteur de la chaleur : chauffé dans la main ou dans de l'eau tiède, il produit des crépitations par suite de la mauvaise répartition de la chaleur, qui dilate seulement les couches extérieures et provoque ainsi la rupture des couches intérieures.

Le soufre est mauvais conducteur de l'électricité ; cette propriété, dont on comprendra le rôle en étudiant les phénomènes électriques, est utilisée pour la confection de divers isolants.

**163. Fusion et ébullition.** — Lorsqu'on chauffe du soufre, on le fond facilement vers 120° ; il présente alors l'aspect d'un liquide jaune, huileux.

Fig. 57. — Production du soufre mou.

Si l'on élève la température, il subit des modifications curieuses : sa coloration change et passe du jaune clair au rouge de plus en plus foncé. En même temps le liquide s'épaissit et, vers 220°, sa viscosité est si grande que l'on peut retourner le vase sans voir le liquide s'écouler ; au-dessus de 220°, le liquide redevient plus fluide, mais sa couleur s'accentue.

Enfin, vers 450°, le soufre entre en ébullition en fournissant des vapeurs brunes.

Par refroidissement lent, le liquide passe en sens inverse par les mêmes états jusqu'au soufre solide.

**164. Soufre mou.** — Mais si l'on verse dans de l'eau froide le soufre liquide, préalablement porté à une température supérieure à celle où sa viscosité l'empêche de couler, on obtient (*fig.* 57) un solide comparable au caoutchouc par son élasticité et appelé *soufre mou*. Cet état, intermédiaire entre l'état solide et l'état liquide, est instable : après quelques heures ce soufre reprend ses propriétés ordinaires.

Fig. 58. — Cristallisation du soufre par fusion.

**165. Dissolution et cristallisation.** — Le soufre est insoluble dans l'eau ; on peut le dissoudre dans divers liquides, en particulier dans le sulfure de carbone. Si l'on évapore le dissolvant ([1]), le soufre se dépose et affecte la forme de solides réguliers, à faces planes ; on dit qu'il *cristallise*. Les cristaux ainsi obtenus sont semblables à ceux du soufre natif.

([1]) Le sulfure de carbone est dangereux à manier, car il est très inflammable.

**166. Cristallisation par fusion.** — Si l'on abandonne du soufre liquide au refroidissement lent, et si, sans attendre la fin de la solidification, on découpe la surface solidifiée pour faire couler le soufre qui est encore liquide, on trouve (*fig.* 58) les parois du vase tapissées par un enchevêtrement de fines aiguilles. Ce sont des cristaux dont la forme diffère de ceux que fournit la cristallisation par dissolution (165).

On appelle **dimorphes** les corps qui peuvent, ainsi que le soufre, cristalliser sous deux formes distinctes.

**167. Propriétés chimiques.** — **Combustion.** — Le soufre est combustible et peut être facilement enflammé dans l'air; il brûle encore mieux dans l'oxygène (*fig.* 10). Le produit de la combustion est un gaz incolore, d'odeur suffocante, le gaz sulfureux (28).

**168. Combinaison avec les métaux.** — Le soufre sec n'agit pas sur les métaux, à la température ordinaire.

Il n'en est plus de même à chaud. Si l'on mélange, par exemple, de la limaille de fer et de la fleur de soufre dans un tube à essai, et si l'on chauffe très légèrement, une incandescence se manifeste et se propage dans toute la masse. Il s'est formé une combinaison de fer et de soufre, un sulfure de fer ($SFe$).

De même, si l'on vient à verser du soufre liquide, à sa température d'ébullition, sur de la tournure de cuivre, le métal est porté à l'incandescence. Il s'est formé un sulfure de cuivre.

Il en est de même avec la plupart des métaux usuels. Le soufre est ici l'agent de véritables combustions vives donnant lieu à des réactions comparables à celles que donne l'oxygène avec les métaux.

Nous verrons bientôt que les sulfures métalliques, dont plusieurs sont très répandus dans la nature, présentent un très grand intérêt industriel.

**169. Sources de soufre.** — On extrait le soufre soit du soufre natif, soit des sulfures naturels.

Le soufre natif est, de beaucoup, le plus important. Le traitement s'effectue sur les lieux d'extraction, et fournit généralement un soufre impur que l'on raffine après l'avoir transporté aux lieux d'utilisation.

Les gisements les plus abondants sont ceux de la Sicile (*solfatares*); ils fournissent environ les 9/10 du soufre livré à l'industrie.

On sépare le soufre natif des matières terreuses qui l'accompagnent en le soumettant à la fusion ou à la distillation.

**170. Extraction par fusion.** — Procédé des calcaroni. — La méthode consiste à porter le minerai à une température *peu supérieure* à celle de la fusion du soufre; ce dernier devient liquide et se sépare ainsi de sa *gangue*.

Dans la majorité des exploitations siciliennes, on emploie un procédé rudimentaire qui consiste à utiliser une partie (1/3 environ) du soufre comme combustible; ce gaspillage est justifié par l'absence locale de combustibles usuels et par le mauvais état des voies de communication.

**Calcarone.** — La disposition adoptée, qui porte le nom de *calcarone*, est une fosse dont le fond, imperméable au soufre, est fortement incliné (*fig.* 59).

On y entasse le minerai en commençant par les gros

morceaux et en continuant avec du minerai de plus
en plus menu; on ménage dans la masse quelques
cheminées au moyen de gros blocs, et l'on recouvre
cette meule d'une couche de minerai épuisé. On met

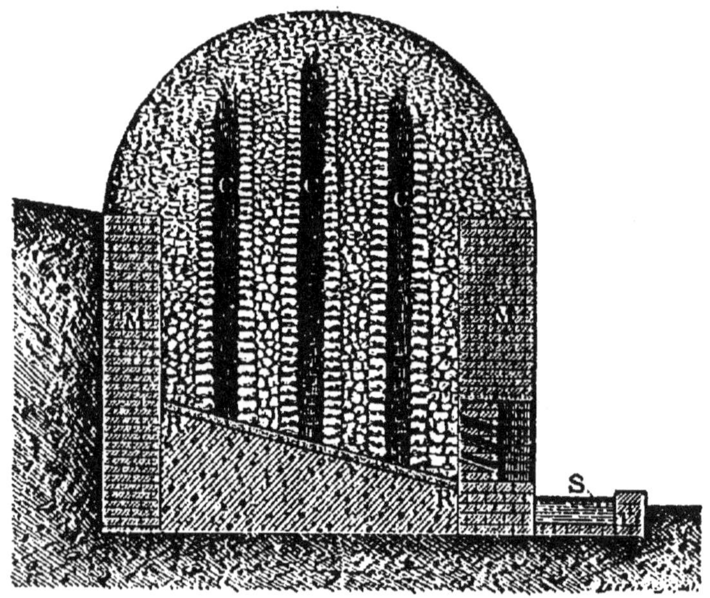

Fig. 59. — Calcarone.

le feu par les cheminées à l'aide de branchages en-
flammés; une partie du soufre brûle, le soufre non
brûlé s'écoule sur le fond de la fosse et vient se rassembler vers une ouverture pratiquée à la partie
inférieure, d'où on le fait couler au dehors.


**171. Extraction par distillation.** — C'est le procédé employé à Pouzzoles. Le minerai est placé dans
des pots en terre réfractaire (*fig.* 60), chauffés dans
un four alimenté par du bois; chaque pot commu-

nique avec un pot semblable placé à l'extérieur. Le soufre s'y condense, et s'écoule dans un réservoir ouvert où on le puise pour le mouler.

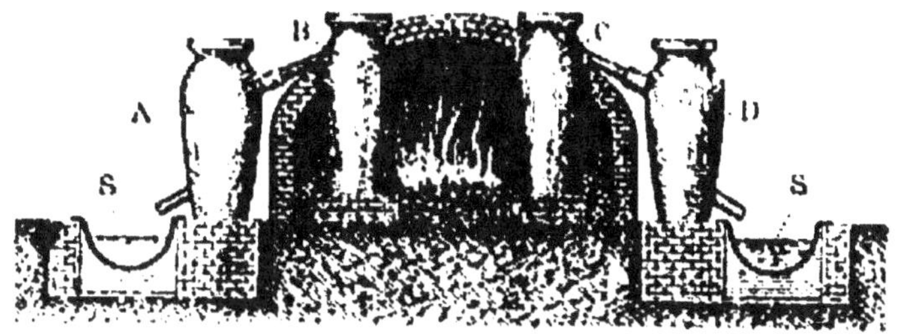

Fig. 60. — Extraction du soufre par distillation.

**172. Raffinage.** — Le soufre brut peut être souillé par une partie de la gangue. On le purifie en le soumettant à un *raffinage* par distillation.

Le soufre est amené liquide, dans une chaudière en fonte, où il est porté à l'ébullition. La vapeur de soufre se dirige dans une grande chambre de condensation (*fig.* 63). Si on laisse la chambre s'échauffer, le soufre s'y condense à l'état liquide; on le fait écouler dans une petite chaudière, d'où on le puise pour le couler dans des moules en bois immergés dans de l'eau froide. On obtient ainsi les *canons de soufre*.

Si la distillation est conduite lentement, le soufre se dépose dans la chambre à l'état de poussière; on a ainsi du *soufre sublimé* ou *fleur de soufre*.

**173. Applications.** — Les applications du soufre sont nombreuses :

1° En viticulture, il est utilisé à l'état de fleur de soufre pour empêcher le développement d'un champignon parasitaire, l'oïdium ;

2° On l'utilise pour préparer le **gaz sulfureux**, l'acide sulfurique, le *sulfure de carbone* et divers sulfures métalliques ;

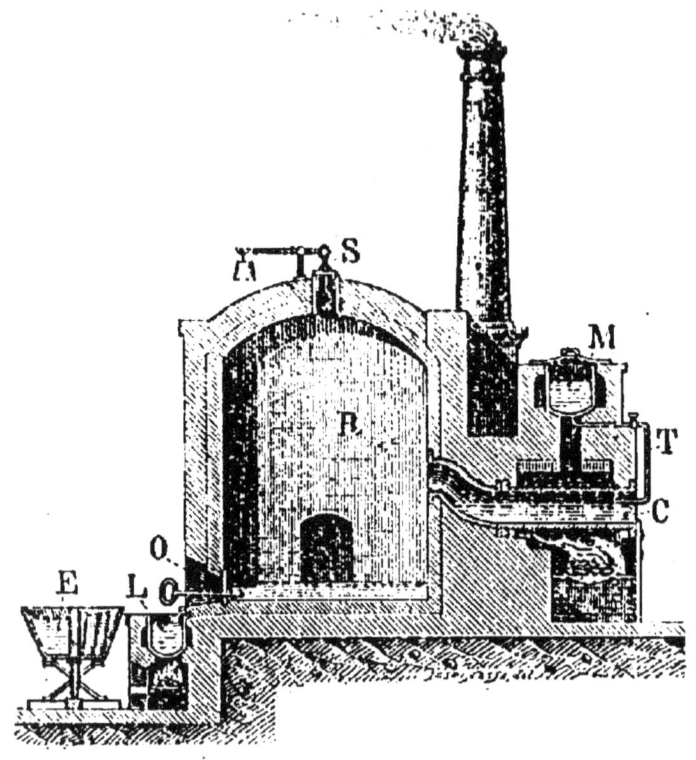

Fig. 61. — Raffinage du soufre.

Le soufre brut, placé en M, fond et se rend par le tube T dans la chaudière, où il est porté à l'ébullition. Les vapeurs se condensent dans la chambre R. Le soufre liquide est puisé en L et moulé en E.

3° Il joue le rôle d'un combustible dans la **poudre de chasse** et dans les allumettes ;

4° Il joue un rôle important dans l'industrie du **caoutchouc vulcanisé** ; le caoutchouc naturel est dur et cassant à basse température, poisseux dès que



8

la température atteint 30°. La *vulcanisation* lui permet de rester souple et élastique, malgré les variations de la température ; on réalise cette opération en incorporant au caoutchouc 1 à 2 °/₀ de soufre ;

5° Il sert à préparer des **isolants électriques**, par exemple l'ébonite, corps dur et noir formé par un mélange intime de caoutchouc et de soufre ;

6° On l'utilise en **médecine** pour le traitement des maladies de la peau.

# CHAPITRE XVII

# ANHYDRIDE SULFUREUX

$$SO^2 = 64$$

**174. Propriétés physiques.** — La combustion du soufre dans l'oxygène ou dans l'air (28) nous a fourni une combinaison de soufre et d'oxygène.

On l'appelle *gaz sulfureux* ou *anhydride sulfureux*.

C'est un gaz incolore, d'odeur suffocante provoquant la toux.

Il est plus dense que l'air : c'est ce que nous rappelle (158) son poids moléculaire **64**, supérieur à **28,9**.

On peut, en effet, le transvaser de haut en bas, comme un liquide.

**Liquéfaction.** — Ce gaz se liquéfie facilement par simple refroidissement ou par compression.

Le liquide obtenu, qui est incolore lorsqu'il est pur, est livré par l'industrie dans des siphons en verre analogues à ceux qui servent à l'eau de Seltz.

La vaporisation de ce liquide, à la pression atmosphérique, le maintient à une température constante de 8° au-dessous de zéro. Cette basse température d'ébullition, que l'on peut abaisser encore en diminuant la pression, est utilisée pour la production industrielle de la glace.

**Solubilité.** — Le gaz sulfureux est très soluble dans

l'eau : un litre d'eau en dissout environ 50 litres à la température ordinaire de 15°.

On met cette solubilité en évidence par des expériences identiques à celles qui ont été faites à propos du gaz chlorhydrique (79).

La dissolution obtenue est très altérable par l'air ; on ne peut donc songer, comme cela a lieu pour l'acide chlorhydrique, à l'utiliser pour le transport du gaz ; la liquéfaction est plus commode.

**175. Propriétés chimiques.** — Le gaz sulfureux n'entretient pas les combustions du charbon et des combustibles usuels : une allumette enflammée s'éteint dans ce gaz. On a parfois utilisé cette propriété pour éteindre les feux de cheminée : on jette rapidement de la fleur de soufre sur le foyer, et l'on empêche le renouvellement de l'air en bouchant l'ouverture de la cheminée avec des linges mouillés. La combustion s'arrête par suite de la formation de gaz sulfureux.

**176. Combinaison avec l'oxygène.** — Le gaz sulfureux paraît sans action sur l'oxygène, même au contact d'une flamme. Il est cependant possible de combiner ces deux gaz et de réaliser ainsi une sorte de combustion de l'anhydride sulfureux.

Il suffit de faire passer le mélange des deux gaz secs (*fig.* 62) sur de la mousse de platine (139) légèrement chauffée. On voit se dégager des fumées blanches que l'on peut condenser dans un tube refroidi. Il s'est ainsi formé un corps solide blanc, l'anhydride sulfurique, de formule $SO^3$ :

$$SO^2 + O = SO^3.$$

Avec l'eau, ce solide donne de l'acide sulfurique :

$$SO^3 + H^2O = SO^4H^2.$$

D'ailleurs, si le gaz sulfureux et l'oxygène se trouvent en présence de l'eau, l'oxydation du gaz sulfureux se produit, même à la température ordinaire, mais très

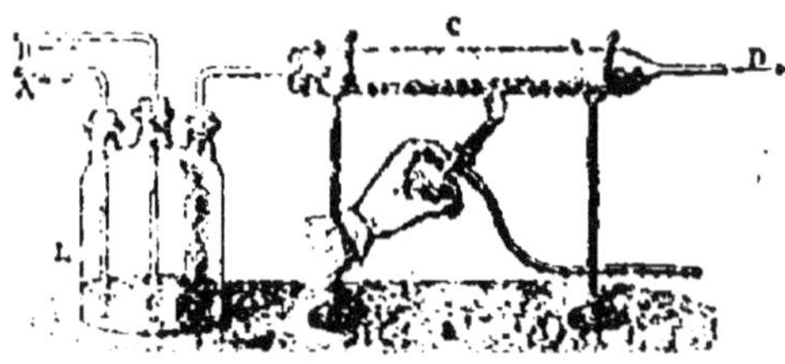

Fig. 62. — Le gaz sulfureux et l'oxygène, arrivent séparément par A et B, se dessèchent en L dans de l'acide sulfurique et passent en C sur de la mousse de platine. L'anhydride sulfurique se dégage en D.

lentement, sans l'intervention de la mousse de platine, et l'on a encore de l'acide sulfurique :

$$SO^3 + O + H^2O = SO^4H^2.$$

Cette réaction, dont on verra l'importance dans la fabrication de l'acide sulfurique, a lieu toutes les fois que la dissolution de gaz sulfureux est exposée à l'air ; on doit donc utiliser, pour faire cette dissolution, de l'eau privée d'air par une ébullition préalable.

**177. Propriétés réductrices de la dissolution. —** Cette même réaction s'accomplit lorsque la dissolution du gaz sulfureux est mise en présence de divers corps oxygénés, qui se trouvent ainsi débarrassés, particiellement au moins, de leur oxygène. Cette dissolution a donc les caractères d'un *réducteur* (68).

Nous ne citerons qu'un exemple : le permanganate de potassium, sel très oxygéné, fournit avec l'eau des dissolutions violettes que le gaz sulfureux décolore en réduisant le permanganate. Cette réaction est souvent utilisée pour reconnaître le gaz sulfureux.

**178. Action sur les matières organiques.** — Beaucoup de substances organiques peuvent être *réduites* en abandonnant une partie de leur oxygène au gaz sulfureux en présence de l'eau. Le phénomène se manifeste par la décoloration des matières colorantes animales ou végétales. La laine, la soie, la peau, la paille, le bois sont blanchis.

On montre souvent ce pouvoir décolorant en le faisant agir sur des violettes; elles deviennent blanches. Mais l'action ne doit pas être confondue avec celle que donne le chlore, qui décolore les matières organiques en les oxydant. Le gaz sulfureux procède par *réduction*. La matière colorante des violettes n'est pas détruite dans ces conditions : les violettes blanchies rougissent au contact de l'acide sulfurique et verdissent au contact de l'ammoniaque, comme les violettes non blanchies.

**179. Propriétés acides de la dissolution.** — La teinture de tournesol est rougie par la dissolution de gaz sulfureux dans l'eau.

D'ailleurs, cette dissolution agit sur la soude pour donner un corps susceptible de cristalliser et ayant pour formule $SO^3Na^2$.

On est conduit à considérer ce corps comme un sel et à admettre que la dissolution du gaz sulfureux présente le caractère général des acides (124) et contient un acide appelé **acide sulfureux.**

Or, le sulfate de sodium a été rattaché à l'acide sulfurique (125).

Sel
$SO^4Na^2$

Acide
$SO^4H^2$

Par analogie, on dira que le sel $SO^3Na^2$ correspond à l'acide $SO^3H^2$.

Cet acide, qui n'est connu qu'en dissolution, doit être considéré comme formé par la combinaison :

$$SO^2 + H^2O = SO^3H^2.$$

Nous nommerons anhydrides les corps qui, en se combinant à l'eau, donnent des acides. C'est ce qui fait qualifier d'**anhydride** le gaz sulfureux.

Le rôle réducteur des dissolutions de gaz sulfureux appartient donc à l'acide sulfureux qui, en présence de l'oxygène, se transforme en acide sulfurique :

$$SO^3H^2 + 0 = SO^4H^2.$$

**180. Sulfites.**— *Les sels de l'acide sulfureux sont les sulfites.* On connaît deux sulfites de sodium :

$SO^4Na^2$
Sulfite neutre de sodium

$SO^3NaH$
Bisulfite de sodium

Ces sels fournissent immédiatement du gaz sulfureux lorsqu'on les traite par un acide (chlorhydrique ou sulfurique).

Le bisulfite seul remplace même avantageusement, dans beaucoup de circonstances, l'acide sulfureux.

Les deux sulfites de sodium sont des réducteurs utilisés en photographie et dans diverses industries.

**181. Préparation du gaz sulfureux.** — Le gaz sulfureux produit par l'industrie est surtout destiné à être transformé en acide sulfurique ou à être liquéfié.

On s'adresse au soufre ou aux sulfures naturels.

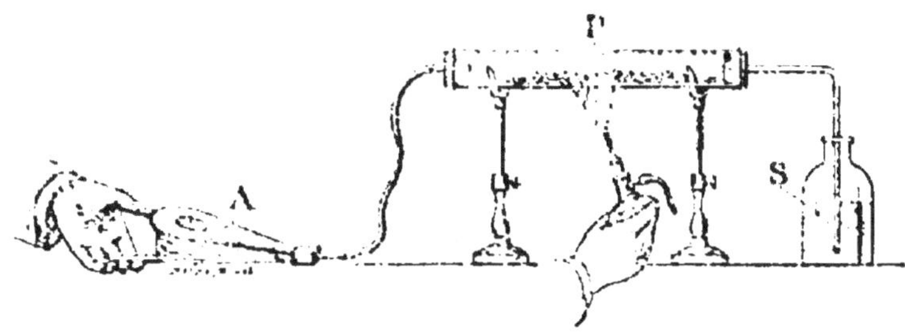


Fig. 63. — Grillage des pyrites.

L'air provenant de A est envoyé sur la pyrite de fer P, légèrement chauffée. On caractérise le gaz sulfureux résultant du grillage en le faisant passer dans une dissolution S de permanganate de potassium, qui est aussitôt décolorée.

**Emploi du soufre.** — La combustion directe du soufre dans l'air fournit de l'anhydride sulfureux.

L'industrie utilise pour cette production, le soufre non raffiné que l'on brûle dans des fours.

**Emploi d'un sulfure.** — On s'adresse aux sulfures les plus abondants, et principalement à un bisulfure de fer (pyrite de fer) ayant pour formule $FeS^2$.

Ce corps, chauffé dans un courant d'air (*fig.* 63), brûle comme du soufre et fournit du gaz sulfureux ; en même temps, le fer s'oxyde et devient de l'oxyde ferrique $Fe^2O^3$, corps rouge dénommé colcotar ([1]) dans l'industrie. La réaction peut se formuler :

$$2FeS^2 + 110 = 4SO^3 + Fe^2O^3.$$

1. Et non *colcothar* comme on l'écrit parfois.

L'opération consistant à chauffer un minerai dans un courant d'air est souvent utilisée en métallurgie on lui donne le nom de *grillage*.

Les pyrites doivent être grillées dans des fours qui présentent des dispositifs destinés à assurer un gril-

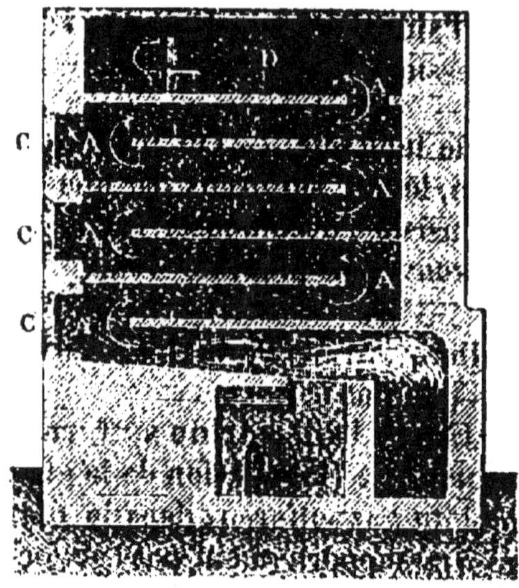

Fig. 64. — Four à étages, pour le grillage des pyrites.

La pyrite que l'ouvrier fait descendre, à intervalles réguliers, d'un étage à l'étage inférieur, rencontre une atmosphère de plus en plus riche en oxygène.

lage parfait, quel que soit l'état de division (fragments ou poussières) du minerai. On peut, par exemple, employer un four à étages (*fig.* 64).

## 182. Utilisation du gaz sulfureux. — Le gaz fourni par ces méthodes est, en grande partie, transformé en acide sulfurique. Pour cette application, il importe peu qu'il soit dilué dans des gaz inertes (azote et autres gaz de l'air et du foyer).

Mais il n'en est plus de même lorsque le gaz est destiné à être liquéfié. Il faut alors procéder à une purification sommaire. Pour cela, on dirige les gaz, de bas en haut, dans une colonne pleine de coke arrosé d'eau. Le gaz sulfureux se dissout seul, et il suffit de chauffer sa dissolution pour le dégager ensuite. On le dessèche à l'aide d'acide sulfurique, et on le liquéfie par compression.

**183. Méthode indirecte.** — On prépare parfois, en petite quantité, le gaz sulfureux par une méthode indirecte qui consiste à décomposer l'acide sulfurique.

Nous la retrouverons plus loin (193).

**184. Applications.** — Parmi les principales applications, nous citerons :

1° L'utilisation de l'**anhydride sulfureux liquéfié** comme **frigorifique** (fabrication de la glace) ;

2° L'emploi du gaz sulfureux dans le **blanchiment des fibres** qui ne supporteraient pas l'action du chlore (soie, laine, paille, éponges, plumes) ;

3° Il sert d'**antiseptique** dans la désinfection des appartements ; on l'utilise aussi pour détruire les animaux nuisibles, par exemple les rats, qui pullulent dans les cales des navires ;

4° L'acide sulfureux et les sulfites sont des **réducteurs** d'un usage fréquent dans les laboratoires et dans l'industrie ;

5° Dans la grande industrie, le gaz sulfureux est surtout produit en vue de la **fabrication de l'acide sulfurique.**

# CHAPITRE XVIII

# ACIDE SULFURIQUE

$$SO^4H^2 = 98$$

**185. Synthèse de l'acide sulfurique.** — La combustion du soufre et le grillage des pyrites nous ont fourni l'anhydride sulfureux $SO^2$; nous avons appris (176) à oxyder ce corps et à le transformer en un solide blanc, l'anhydride sulfurique $SO^3$.

En dissolvant ces deux corps dans l'eau, on obtient l'acide sulfureux $SO^3H^2$ et l'acide sulfurique $SO^4H^2$.

Mais, alors que le premier de ces acides n'est connu qu'en dissolution dans l'eau, le second peut être obtenu à l'état libre. On l'appelle **acide sulfurique normal** lorsque sa composition est exprimée par la formule $SO^4H^2$.

On peut passer de l'anhydride sulfureux $SO^2$ à l'acide sulfurique $SO^4H^2$ par deux voies qui correspondent à des modes industriels de préparation :

1° Oxyder $SO^2$ et dissoudre dans l'eau l'anhydride $SO^3$ ainsi obtenu ;

2° Oxyder l'acide sulfureux $SO^3H^2$, ou mieux, le gaz sulfureux en présence de l'eau.

Ces diverses transformations sont résumées par les formules :

1° $\qquad SO^2 + O = SO^3$ et $SO^3 + H^2O = SO^4H^2,$

2° $\qquad\qquad SO^3 + O + H^2O = SO^4H^2.$

**186. Propriétés physiques.** — L'industrie livre, sous le nom d'acide sulfurique concentré ou huile de vitriol, un liquide dont la composition diffère peu de celle de l'acide normal $SO^4H^2$.

Ce liquide, incolore lorsqu'il est pur, a une consistance huileuse. Il est souvent coloré en brun par des impuretés dont on verra plus loin l'origine.

Sa densité est $1,84^{gr}$ par $cm^3$. Il bout à 338° sous la pression atmosphérique ; vu sa grande densité, son ébullition est accompagnée de soubresauts qui peuvent amener la rupture des récipients en verre (les métaux seraient attaqués) dans lesquels on le distille ; aussi est-il indispensable d'opérer sa distillation avec beaucoup de prudence.

Cet acide est inodore et non volatil à froid.

On utilise parfois, sous le nom d'**acides sulfuriques fumants**, des mélanges plus concentrés que l'acide normal ; nous n'aurons pas à nous en occuper ici ; ils répandent des vapeurs d'anhydride sulfurique qui fument abondamment au contact de l'air humide.

**187. Propriétés chimiques.** — Les usages de l'acide sulfurique se rattachent à sa décomposition par divers corps et à sa combinaison avec l'eau.

**188. Action sur l'eau.** — L'acide sulfurique concentré est remarquable par l'énergie avec laquelle il s'empare de l'eau. — Pour s'en convaincre, il suffit de verser de l'acide sulfurique dans de l'eau : le mélange se fait avec un dégagement de chaleur, qui peut élever la température du liquide jusqu'aux environs de 100°.

Il faut tenir compte de ce fait lorsqu'on prépare des

mélanges d'eau et d'acide sulfurique : on doit **verser lentement l'acide dans l'eau en agitant constamment;** la chaleur se répartit alors dans toute la masse du liquide. Il serait dangereux de verser l'eau dans l'acide, car il pourrait en résulter de graves projections de liquide, dues à la brusque vaporisation de l'eau.

L'avidité de l'acide sulfurique pour l'eau se manifeste aussi lorsque l'acide est exposé à l'air ; il absorbe alors lentement la vapeur d'eau atmosphérique et subit une augmentation de volume considérable.

**Conséquences pratiques.** — On utilise cette propriété de l'acide sulfurique :

1° *Pour dessécher les gaz.* — On les fait passer dans des tubes pleins de pierre ponce imbibée d'acide sulfurique concentré ;

2° *Pour favoriser les évaporations dans le vide.* — Le corps à dessécher est abandonné sous une cloche, en présence de l'acide sulfurique concentré (*fig.* 65).

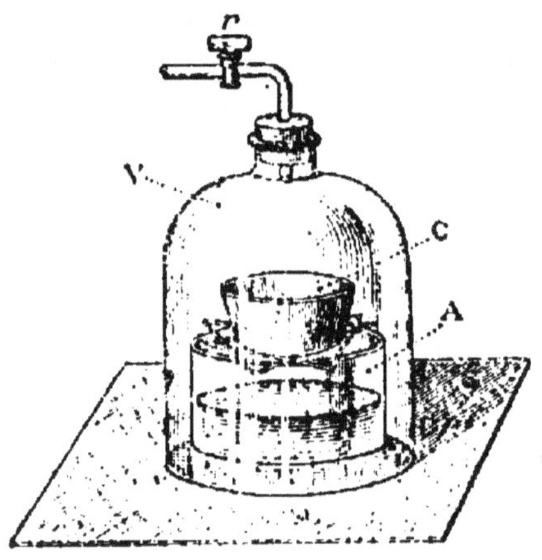

Fig. 65. — Dessiccateur pour évaporation dans le vide.
C, Capsule contenant le liquide soumis à l'évaporation ;
A, Acide sulfurique concentré ;
V, Cloche dans laquelle on peut faire le vide.

On opère de cette façon lorsqu'on craint de décomposer le corps en le chauffant.

**189. Action sur les matières organiques.** — Les matières organiques contiennent de l'eau dont s'emparc énergiquement l'acide sulfurique; il en résulte une destruction rapide de ces substances.

Le sucre, le bois, les tissus végétaux et animaux sont noircis et carbonisés par l'acide sulfurique concentré. Les poussières de l'air subissent la même transformation; ce fait explique la coloration brune que prend l'acide sulfurique exposé à l'air.

Le contact de l'acide sulfurique concentré avec notre organisme produit des brûlures excessivement graves, avec destruction rapide des tissus.

**190. Propriétés acides.** — Les dissolutions d'acide sulfurique dans l'eau manifestent tous les caractères d'un **acide énergique,** comme on l'a déjà vu :

1° Ces dissolutions, même très étendues, ont une saveur acide très prononcée ;

2° Elles font virer au rouge la couleur bleue de la teinture de tournesol ;

3° Elles donnent avec le zinc et le fer un dégagement d'hydrogène avec formation de sels, le sulfate de zinc et le sulfate de fer, dont la composition diffère de celle de l'acide sulfurique par le remplacement de $2^{gr}$ d'hydrogène $= 2H$, par $65^{gr}$ de zinc $= Zn$, ou $56^{gr}$ de fer $= Fe$.

C'est ce qu'expriment les équations :

$$SO^4H^2 + Zn = 2H + SO^4Zn$$
Dissous            Dissous

$$SO^4H^2 + Fe = 2H + SO^4Fe$$
Dissous            Dissous

Dans les mêmes conditions, le sodium donnerait, avec une violence dangereuse, un sel appelé sulfate de sodium et ayant pour formule $SO^4Na^2$ ;

4° **Enfin avec une dissolution de soude, l'acide sulfurique réagit énergiquement**, mais avec moins de violence si l'on a soin de prendre des dissolutions étendues, et donne une dissolution n'ayant plus aucune action sur la teinture de tournesol et ne contenant que le sel $SO^4Na^2$ et de l'eau :

$$SO^4H^2 + 2NaOH = SO^4Na^2 + 2H^2O.$$

Nous dirons que la soude a neutralisé l'acide, en donnant du **sulfate neutre de sodium**.

**191. Sulfates.** — *Les sels de l'acide sulfurique sont les sulfates.* Nous venons d'obtenir un sulfate de sodium ; on en connaît un autre, qui se forme lorsqu'on fait agir sur l'acide une quantité de soude moitié de celle qui est nécessaire à la neutralisation.

On a alors :

$$SO^4H^2 + NaOH = SO^4HNa + H^2O.$$

D'après cette réaction, le nouveau corps $SO^4HNa$ est un sel ; mais c'est aussi un acide, car si l'on achève la neutralisation, il se transforme en sulfate neutre $SO^4Na^2$ :

$$SO^4HNa + NaOH = SO^4Na^2 + H^2O.$$

Le sel $SO^4HNa$ possède donc la fonction acide ; on l'appelle **sulfate acide de sodium**.

Il est aussi dénommé *bisulfate de sodium*, parce que sa formation exige, pour une même quantité de soude deux fois plus d'acide que la formation du sel neutre :

$SO^4Na^2$<br>Sulfate neutre de sodium

$SO^4HNa$<br>Bisulfate de sodium

Nous voyons ainsi que l'acide sulfurique ne ressemble pas tout à fait à l'acide chlorhydrique; ce dernier ne donnait qu'un sel avec une base, alors que l'acide sulfurique en donne deux.

Nous dirons que l'acide sulfurique présente deux fois la fonction acide ou qu'il est un **biacide**.

En rapprochant ce qui précède de ce qui a été vu à propos des sulfites, on pourra dire aussi que l'acide sulfureux est un biacide (180).

**192. Action de l'acide sulfurique sur les sels.** — De nombreux sels sont décomposés par l'acide sulfurique; il y a formation de l'acide correspondant au sel et d'un sulfate du métal de ce sel.

C'est ainsi que le chlorure de sodium est attaqué par l'acide sulfurique avec production d'acide chlorhydrique; si l'on chauffe peu, on obtient en même temps du bisulfate de sodium :

$$SO^4H^2 + ClNa = ClH + SO^4HNa.$$

C'est la réaction qui nous a fourni l'acide chlorhydrique (88). Nous rencontrerons souvent des réactions analogues, utilisées pour préparer divers acides.

**193. Réduction de l'acide sulfurique concentré.** — La chaleur décompose cet acide en donnant les produits qui ont servi à le former (185) :

$$SO^4H^2 = SO^2 + O + H^2O.$$

Cette réaction, susceptible de donner le gaz sulfureux, se réalise aisément au contact d'un corps capable de s'emparer de l'oxygène et jouant alors un

rôle réducteur. C'est ce qui a lieu avec certains métalloïdes et avec presque tous les métaux :

1° *Emploi d'un métalloïde.* — Le soufre, chauffé
avec l'acide sulfurique concentré, se transforme en
gaz sulfureux qui se mélange à celui que donne la
réduction de l'acide sulfurique, et l'on a :

$$2SO^4H^2 + S = 3SO^2 + 2H^2O.$$

Cette réaction est utilisée dans l'industrie pour préparer, par voie indirecte, le gaz sulfureux que l'on

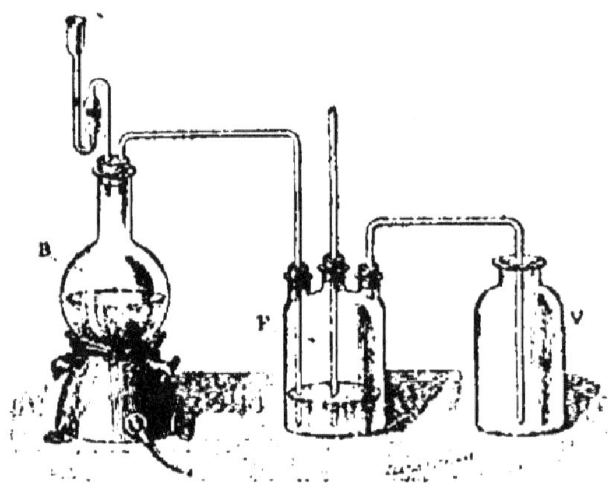

Fig. 60. — Préparation indirecte du gaz sulfureux.
B, Ballon contenant de la tournure de cuivre et de l'acide sulfurique concentré ;
F, Flacon laveur à acide sulfurique ;
V, Flacon sec dans lequel on recueille $SO^2$ par déplacement.

doit liquéfier. Il faut alors dessécher ce gaz en le
faisant passer dans de l'acide sulfurique.

2° *Emploi d'un métal.* — L'acide sulfurique concentré n'attaque pas à froid les métaux usuels, même
ceux qui, comme le zinc et le fer, sont attaqués par
l'acide étendu. Le sodium serait attaqué avec violence.

A chaud, l'acide sulfurique concentré 'attaque tous les métaux, sauf l'or.

Mais alors que l'attaque est accompagnée, à froid, d'un dégagement d'hydrogène, elle fournit ici un dégagement de gaz sulfureux. **Le métal est transformé en sulfate.** Ainsi, le cuivre chauffé avec l'acide concentré donne du sulfate de cuivre et dégage $SO^2$ :

$$2SO^4H^2 + Cu = SO^2 + SO^4Cu + 2H^2O.$$

Cette réaction fournit, dans les laboratoires, une préparation du gaz sulfureux (*fig.* 66).

**194. Préparation.** — La préparation de l'acide sulfurique se réalise exclusivement dans l'industrie.

Réduite à la réaction essentielle, elle utilise l'oxydation de l'anhydride sulfureux en présence de l'air humide :

$$SO^3 + O + H^2O = SO^4H^2,$$

réaction réalisable à la température ordinaire, mais beaucoup trop lentement ; elle devient pratique si l'on fait intervenir des corps auxiliaires.

On y arrive actuellement par deux méthodes :

**195. Méthode dite des chambres de plomb.** — Elle utilise les propriétés oxydantes d'un acide que nous étudierons plus tard sous le nom d'*acide azotique*.

Cet acide, plus coûteux que l'acide sulfurique, peut être utilisé économiquement, car il ne joue, dans les réactions, qu'un rôle d'agent d'oxydation auxiliaire, et il se trouve constamment régénéré, de sorte qu'une quantité très limitée de cet acide peut servir à produire une quantité énorme d'acide sulfurique.

Les produits auxiliaires que dégage l'acide azotique sont presque tous gazeux; il en résulte une grande complication d'appareils.

Le gaz sulfureux (provenant des fours à grillage des pyrites), l'air, la vapeur d'eau et les produits auxiliaires sont envoyés dans de vastes chambres de plomb (seul métal usuel non attaqué par l'acide peu concentré), où ils réagissent pour donner l'acide sulfurique.

L'acide ainsi obtenu n'est pas très concentré, et à cet état, il ne convient qu'à certains usages. Pour en déduire l'acide usuel, on le soumet par distillation à une opération appelée concentration.

**196. Méthode dite de contact.** — Elle utilise la facilité avec laquelle divers corps poreux permettent, sans subir aucune modification apparente, la transformation du gaz sulfureux en anhydride sulfurique :

$$SO_2 + O = SO_3$$

qu'il suffit de dissoudre dans l'eau pour obtenir un acide aussi concentré qu'on le veut.

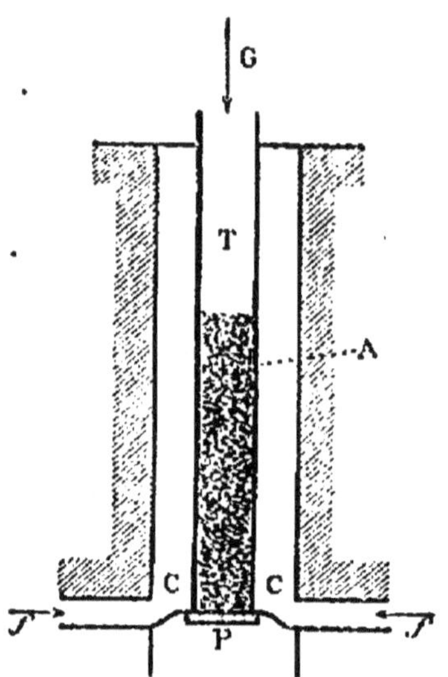


Fig. 97. — Fabrication de l'anhydride sulfurique.

G, arrivée du gaz sulfureux;
A, amiante platiné;
P, porte de sortie de l'anhydride;
F, courant d'air chaud, pouvant être réuni au gaz G.

Dans la pratique, l'agent de transformation auxiliaire est le platine très divisé, dilué dans un corps inerte, l'amiante(¹).

L'amiante platiné est disposé dans des tubes verticaux en fer, où il repose généralement sur une série de plateaux perforés.

Le mélange de gaz sulfureux et d'air circule de haut en bas (*fig.* 67), pendant qu'un courant d'air chaud porte les tubes à la température de 400° que l'on ne doit pas dépasser.

Les vapeurs d'anhydride sulfurique sont évacuées par la partie inférieure des tubes.

**197. Applications.** — L'énumération pure et simple des applications de l'acide sulfurique serait interminable. Ses emplois dans les laboratoires et dans l'industrie en font l'un des agents les plus importants parmi ceux qu'utilise le chimiste.

Nous citerons les principaux usages :

1° La fabrication de nombreux **sulfates** : sulfate d'ammonium, sulfate de sodium, sulfate de cuivre, etc. ;

2° La production de nombreux **acides** : acide chlorhydrique ; acide azotique, etc. ;

3° Il joue un rôle dans la fabrication de divers **explosifs**, le *raffinage des pétroles, l'épuration des huiles, l'industrie de l'alcool*, la préparation de nombreuses *matières colorantes ;*

4° Il intervient dans les **piles** et les **accumulateurs électriques**.

(¹) L'amiante (mot masculin) est une roche facile à diviser en filaments analogues, par leur aspect seulement, aux fibres textiles.

# CHAPITRE XIX

## ACIDE SULFHYDRIQUE

$$SH^2 = 34$$

**198. État naturel.** — La putréfaction de certaines matières (œufs, choux) est accompagnée d'une odeur repoussante qui est due à un gaz, *l'acide sulfhydrique* ou *hydrogène sulfuré*, combinaison de soufre et d'hydrogène, de formule $SH^2$.

Ce gaz se trouve en dissolution dans quelques eaux minérales dites sulfureuses (Aix-les-Bains, Allevard).

**199. Propriétés physiques.** — C'est un gaz incolore, possédant l'odeur repoussante des œufs pourris ; sa saveur est douceâtre.

Il est plus dense que l'air : c'est ce que nous rappelle (153) son poids moléculaire **34**, supérieur à **28,9**.

L'acide sulfhydrique est soluble dans l'eau ; il suffit d'agiter avec un peu d'eau ce gaz dans une éprouvette fermée avec la main, pour observer une absorption accompagnée de l'adhérence de l'éprouvette à la main : 1 litre d'eau dissout à peu près 3 litres de gaz sulfhydrique, à la température ordinaire.

L'acide sulfhydrique est facile à liquéfier ; on ne l'utilise d'ailleurs jamais à l'état liquide.



9*

**200. Propriétés chimiques. — Combustion. — Le gaz sulfhydrique est essentiellement oxydable** et peut être oxydé dans des conditions variées :

1° L'oxygène sec est sans action sur lui à la température ordinaire, mais, au contact d'une flamme ou d'une étincelle électrique, le gaz sulfhydrique peut être enflammé dans l'oxygène ou dans l'air, et brûle avec une flamme bleu pâle.

Si l'oxygène est en excès, la combustion est complète et donne les produits de combustion du soufre ($SO^2$) et de l'hydrogène ($H^2O$) :

$$SH^2 + 3O = SO^2 + H^2O.$$
2 vol.    3 vol.

Elle exige 2 volumes de $SH^2$ pour 3 volumes d'oxygène ; si le mélange est préparé à peu près suivant ces proportions, il s'enflamme avec détonation au contact d'une flamme.

Si l'oxygène est employé en quantité insuffisante, la combustion est incomplète et donne lieu à un dépôt de soufre ; c'est ce qui a lieu lorsqu'on enflamme le gaz sulfhydrique dans une éprouvette étroite :

$$SH^2 + O = S + H^2O.$$
Gaz    Gaz

2° L'oxygène humide agit plus facilement.

Sans l'intervention d'aucune flamme, les dissolutions du gaz sulfhydrique dans l'eau sont altérées au contact de l'air ; le soufre se dépose lentement, comme dans la combustion incomplète :

$$SH^2 + O = S + H^2O.$$
Dissous

Aussi doit-on préparer les dissolutions sulfhydriques

avec de l'eau privée d'air, par l'ébullition, et les conserver en flacons pleins et bien bouchés.

3° L'oxygène et le gaz sulfhydrique humides se
combinent à la température ordinaire, en présence
des corps poreux, pour donner de l'acide sulfurique :

$$SH^2 + 4O = SO^4H^2.$$

Cette réaction, qui se produit en présence du linge,
explique la destruction rapide de ce corps dans les
établissements de bains sulfureux.

**201. Destruction par le chlore.**— Le chlore s'est déjà
manifesté à nous par la facilité avec laquelle il décompose les composés hydrogénés ; il détruit le gaz
sulfhydrique et s'empare de son hydrogène pour former de l'acide chlorhydrique ; le soufre se dépose :

$$SH^2 + 2Cl = 2ClH + S.$$

La réaction peut s'observer soit avec les gaz secs,
en faisant arriver un courant de $SH^2$ dans un flacon
de chlore, soit en versant de l'eau de chlore dans une
dissolution d'acide sulfhydrique.

Cette décomposition peut être utilisée pour désin-
fecter les fosses d'aisance envahies souvent par $SH^2$.

**202. Propriétés acides. — Les dissolutions de
gaz sulfhydrique dans l'eau manifestent les caractères des acides ;** mais ces caractères sont moins
prononcés que pour les acides chlorhydrique et sulfurique :

1° L'acide sulfhydrique donne, avec le tournesol
bleu, une coloration rouge vineux ;

2° Les métaux usuels, zinc, fer, cuivre, étain, argent,

décomposent à chaud le gaz sulfhydrique, en mettant l'hydrogène en liberté, et se combinent au soufre.

En présence de l'eau, la réaction se fait à la température ordinaire ; l'argent, par exemple, noircit en se transformant en sulfure $SAg^2$ :

$$SH^2 + 2Ag = SAg^2 + 2H.$$

Mais ces décompositions sont lentes et ne rappellent nullement la vivacité de l'attaque du zinc ou du fer par l'acide chlorhydrique. On dira que l'acide sulfhydrique est un **acide faible**.

3° Les bases sont neutralisées par l'acide sulfhydrique et donnent des sulfures et de l'eau. La soude peut donner deux sels :

$SHNa$ sulfure acide de sodium,
$SNa^2$ sulfure neutre de sodium.

**203. Action sur les sels.** — L'acide sulfhydrique agit sur les solutions de certains sels dans l'eau en donnant un sulfure.

Par exemple, une dissolution incolore d'un sel de plomb donne un dépôt (un précipité) noir de *sulfure de plomb*. Cette réaction très sensible peut servir à reconnaître le gaz sulfhydrique à l'aide d'un papier blanc imbibé d'une dissolution d'un sel de plomb, qui noircit dans ce gaz.

**204. Action sur l'organisme.** — Le gaz sulfhydrique introduit dans les voies respiratoires constitue un **poison violent**.

Même dilué dans l'air, il provoque des vertiges ; on doit combattre aussitôt son action par des inhalations d'oxygène, car le gaz sulfhydrique peut occasionner une mort foudroyante.

Il est à remarquer que l'on peut absorber ce gaz par voie stomacale (eaux minérales sulfureuses) à des doses qui seraient mortelles par la voie respiratoire.

**205. Préparation.** — On prépare facilement le gaz sulfhydrique en utilisant le sulfure de fer artificiel SFe que nous avons appris à préparer (168).

On attaque ce sulfure à la température ordinaire, par l'acide sulfurique ou l'acide chlorhydrique, en présence de l'eau :

$$SFe + SO^4H^2 = SH^2 + SO^4Fe$$
Dissous        Sulfate ferreux
                 Dissous

$$SFe + 2ClH = SH^2 + Cl^2Fe$$
Dissous        Chlorure ferreux
                 Dissous

L'opération se conduit comme la préparation usuelle de l'hydrogène (69) (*fig.* 32).

La solubilité du gaz dans l'eau n'étant pas instantanée, on pourrait, à la rigueur, le recueillir sur une cuve à eau. Mais on se contente, le plus souvent, de le recueillir par déplacement d'air, comme le chlore (111). On pourrait le recueillir sur la cuve à mercure.

**206. Application.** — Le gaz sulfhydrique est d'un usage constant, dans les laboratoires, pour **analyser les sels.**

# CHAPITRE XX

# ACIDE AZOTIQUE. SALPÊTRE

## Acide azotique

$$AzO^3H = 63$$

**207. Combinaison de l'azote avec l'oxygène.** — L'azote que nous avons rencontré dans l'air (15) ne paraît pas, à première vue, susceptible de se combiner à l'oxygène car l'azote n'est pas combustible.

On peut cependant arriver à combiner l'azote à l'oxygène en faisant jaillir une série prolongée d'étincelles électriques dans un mélange de ces deux gaz (*fig.* 22). On voit apparaître un gaz rouge (*vapeurs rutilantes*), le **peroxyde d'azote**, de formule $AzO^2$, qui, mis en présence d'eau et d'oxygène, disparaît pour donner de l'acide azotique, de formule $AzO^3H$ :

$$(1) \qquad 2AzO^1 + O + H^2O = 2AzO^3H.$$

C'est cet acide que nous allons étudier. On le trouve dans le commerce sous le nom d'**acide nitrique** ou d'**eau-forte**.

**208. Acide azotique fumant.** — Lorsqu'il est concentré, il répand des vapeurs qui fument à l'air humide et lui font donner le nom d'acide fumant ; sa composition se rapproche alors de la formule $AzO^3H$ qui représente l'acide azotique normal.

Sa densité est 1,5; il bout à 86°. La chaleur et la lumière le décomposent en donnant du peroxyde d'azote, de l'oxygène et de l'eau, suivant l'équation :

$$(2) \qquad 2AzO^3H = 2AzO^2 + O + H^2O.$$

Le peroxyde d'azote ainsi formé se dissout en partie dans l'acide non décomposé et le colore en jaune.

**209. Acide azotique hydraté.** — Sous sa forme commerciale la plus répandue, l'acide azotique est une dissolution incolore, ne fumant pas à l'air.

Sa densité est 1,4; il bout à 123° et correspond à peu près à la formule : $2AzO^3H, 3H^2O$.

**210. Propriétés chimiques.** — La présence de l'oxygène dans les produits de la décomposition de l'acide azotique fumant se manifeste dès que cet acide est mis en présence d'un corps oxydable. En d'autres termes, **l'acide azotique est un oxydant énergique.**

**211. Oxydation des métalloïdes.** — Les métalloïdes combustibles sont attaqués par cet acide fumant.

1° Le charbon **est** transformé en gaz carbonique, comme dans l'**oxygène** (28).

Il suffit, pour s'en convaincre, de déposer sur l'acide un fragment de charbon de bois porté à l'incandescence; le charbon continue à brûler et l'acide azotique est transformé en vapeurs rutilantes. On peut aussi (*fig.* 68) verser l'acide fumant sur du charbon très divisé (noir de fumée) bien sec qui brûle en projetant une gerbe d'étincelles.

2° Le soufre chauffé avec de l'acide azotique fumant se transforme lentement en acide sulfurique, avec dégagement de vapeurs rouges de peroxyde d'azote;

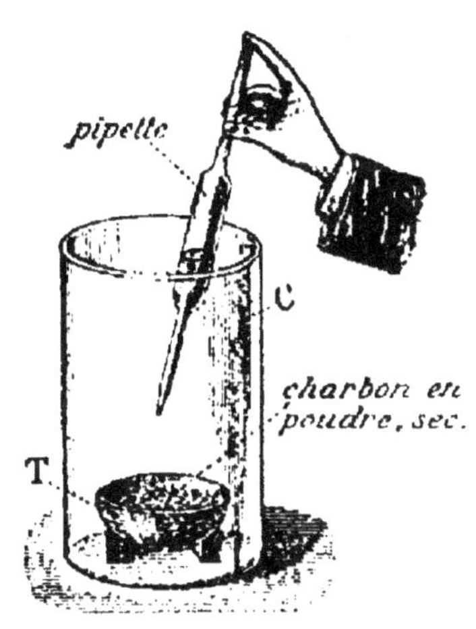



Fig. 68. — Attaque du charbon par l'acide azotique fumant.

3° Le phosphore est oxydé avec violence et transformé en acide phosphorique. L'action est dangereuse et ne doit être essayée qu'avec prudence.

Ces oxydations des métalloïdes deviennent plus modérées avec l'acide azotique étendu d'eau.

**212. Oxydation des combinaisons.** — Les corps composés peuvent aussi être oxydés. C'est ce qui a lieu avec l'anhydride sulfureux $SO^2$ transformé en acide sulfurique, même par l'acide azotique étendu.

Cette transformation est utilisée dans la préparation industrielle de l'acide sulfurique par le procédé des chambres de plomb (195).

**213. Action sur les métaux.** — L'acide azotique attaque la plupart des métaux et les transforme en azotates.

L'or et le platine ne sont pas attaqués.

Les métaux très oxydables, sodium, calcium, sont attaqués avec violence, parfois même avec explosion.

Les métaux usuels, argent, cuivre, mercure, plomb, fer, zinc, sont attaqués à la température ordinaire par l'acide fumant ou mieux par l'acide étendu de son volume d'eau, et le métal disparaît peu à peu. Par évaporation de l'eau, on obtient, à la place du métal, un sel qui était dissous dans le liquide.

On trouve ainsi avec l'argent et le cuivre, de l'azotate d'argent, $AzO^3Ag$, sel blanc, ou de l'azotate de cuivre $(AzO^3)^2 Cu$, sel bleu.

Avec l'acide fumant, l'azotate ne peut pas se dissoudre et protège rapidement le métal qui peut ainsi résister plus longtemps à l'attaque de l'acide.


**214. Produits de réduction de l'acide azotique. —** On peut remarquer que l'acide azotique **ne donne pas lieu, en général, à un dégagement d'hydrogène,** en attaquant un métal, même à froid.

La réaction est toujours accompagnée de la réduction de l'acide, qui abandonne une partie de son oxygène et dégage des oxydes de l'azote.

Nous avons déjà rencontré le peroxyde d'azote (vapeurs rutilantes) résultant de la décomposition :

$$2AzO^3H = 2AzO^2 + O + H^2O.$$

On obtient un oxyde moins oxygéné, l'oxyde azotique, de formule $AzO$, lorsqu'on attaque le cuivre à froid, par l'acide azotique étendu.

La décomposition s'effectue suivant l'équation :

$$2AzO^3H = 2AzO + 3O + H^2O$$

et l'oxygène oxyde le cuivre qui se transforme en azotate, grâce à l'acide azotique restant.

L'oxyde $AzO$ est un gaz incolore qui se transforme en peroxyde d'azote au contact de l'oxygène de l'air :

$$AzO + O = AzO^2.$$

La réduction de l'acide azotique est plus complète si l'on s'adresse à un métal plus oxydable; avec le zinc et le fer, on obtient un gaz incolore, ne s'oxydant pas à l'air : c'est l'oxyde azoteux $Az^2O$.

La décomposition s'effectue suivant l'équation :

$$2AzO^3H = Az^2O + 4O + H^2O.$$

**215. Oxydation de l'acide chorhydrique : Eau régale.** — L'acide chlorhydrique, que nous avons appris à décomposer à l'aide de certains oxydants (bioxyde de manganèse) (§ 111) est décomposé par l'acide azotique avec production de chlore libre ; l'acide azotique est transformé en peroxyde d'azote et l'hydrogène des deux acides est transformé en eau :

$$AzO^3H + ClH = Cl + AzO^2 + H^2O.$$

Le mélange de ces deux acides peut donc produire les mêmes effets que le chlore ; on l'utilise sous le nom **d'eau régale,** pour attaquer l'or et le platine, et les transformer en chlorures. Isolés l'un de l'autre, ces acides n'attaquent pas ces métaux.

**216. Oxydation des matières organiques.** — Ces matières, essentiellement combustibles, peuvent être vivement oxydées par l'acide azotique.

Ainsi, l'essence de térébenthine s'enflamme au contact de l'acide fumant.

Le crin s'enflamme également lorsqu'on l'expose, dans un tube à essai, aux vapeurs qui se dégagent lorsqu'on fait bouillir l'acide azotique fumant.

Les tissus de l'organisme sont rapidement détruits par l'acide azotique qui constitue un poison violent.

Mais les matières organiques peuvent subir des modifications moins profondes si l'action est modérée. Ainsi la peau, la laine, la soie sont teintes en jaune par l'acide azotique. Si l'on arrête l'opération par un lavage à grande eau, la laine et la soie sont soustraites à l'action de l'acide et gardent la teinte jaune. Cette propriété est utilisée dans l'industrie de la teinture.

L'étude des matières organiques nous montrera[1] que l'acide azotique peut fournir, avec ces matières, des produits très importants, et en particulier des explosifs puissants.

**217. Propriétés acides.** — L'acide azotique présente tous les caractères d'un acide énergique ; il rougit la teinture de tournesol ; il attaque les métaux en donnant des azotates dont la composition diffère de celle de l'acide par le remplacement de l'hydrogène par un métal ; enfin il neutralise les bases avec dégagement de chaleur, pour donner ces mêmes azotates.

Par exemple, la soude donne l'azotate de sodium :

$$AzO^3H + NaOH = AzO^3Na + H^2O.$$
Azotate de sodium

**218. Azotates.** — Les sels de l'acide azotique (ou nitrique) sont les azotates (ou nitrates).

Avec une base, l'acide azotique ne donne qu'un sel ; il ne possède qu'une fois la fonction acide.

La nature nous fournit quelques azotates, appelés *salpêtres* (pierres salées). Ce sont :

1° **L'azotate de potassium, $AzO^3K$,** ou salpêtre des Indes, qui apparaît dans les pays chauds, à la surface du sol, après la saison des pluies. Cette source est insuffisante pour les besoins de l'industrie ;

2° **L'azotate de sodium, $AzO^3Na$,** ou salpêtre du Chili, qui forme des gisements d'une grande étendue au Chili et au Pérou. Cette source, qui ne se renou-

(1) Voir *Cours de troisième.*

velle pas, et où l'industrie puise de plus en plus, sera sans doute épuisée prochainement;

3° **L'azotate de calcium,** $(AzO^3)^2 Ca$, qui se trouve mélangé à d'autres azotates sous la forme d'efflorescences blanches sur les murs humides des caves et des écuries.

Ces azotates sont des sels blancs très solubles dans l'eau, cristallisables. Ils fondent sous l'influence de la chaleur, puis se décomposent en dégageant de l'oxygène. Ce sont donc des **oxydants énergiques.**

**219. Nitrification.** — La formation naturelle des azotates présente un intérêt de premier ordre pour l'humanité. En effet, l'azote fait partie des tissus animaux et végétaux ; il apparaît comme indispensable aux êtres vivants.

Les animaux l'empruntent à leurs aliments.

Les végétaux ne fixent que rarement l'azote de l'air; on est donc conduit à enfouir dans le sol des engrais azotés susceptibles d'être assimilés.

Or, c'est surtout sous la forme d'azotates que les végétaux absorbent l'azote.

La formation naturelle de ces sels se produit aux dépens des matières organiques azotées, par l'intermédiaire de microbes spéciaux, grâce à un mécanisme complexe qui a reçu le nom de **nitrification.**

Les matières organiques azotées (fumiers, urine, etc.) subissent une première putréfaction qui les transforme en produits **ammoniacaux** (135).

Ces produits oxydés en présence des corps poreux (139) fourniraient de l'acide azotique. Il y a dans le sol des êtres microscopiques appelés **ferments nitrificateurs** qui remplacent les corps poreux et fixent l'oxygène de l'air sur l'ammoniaque. L'acide azotique ainsi produit trouve dans le sol les produits nécessaires à sa transformation en azotates.

Ces transformations expliquent l'emploi des engrais ammoniacaux. Elles expliquent aussi la formation naturelle des salpêtres qui doivent prendre naissance lorsque les circonstances favorables au développement des ferments nitrificateurs se trouvent réalisées; ces circonstances, que l'on a cherché à réunir dans des salpêtrières artificielles, sont:

1° *La présence de matières organiques azotées en décomposition,* capables de fournir de l'ammoniaque;

2° *La présence de l'air,* fournissant l'oxygène nécessaire à l'oxydation de l'ammoniaque ; le sol doit donc être aéré ;

3° *La présence de produits minéraux,* fournissant les bases, potasse, soude, chaux, destinées à neutraliser l'acide azotique ;

4° *Les conditions de température* (voisinage de 37°) nécessaires au développement normal des ferments.

**220. Préparation de l'acide azotique.** — On s'adresse aux salpêtres ou à l'azote de l'air.

1° **Décomposition d'un azotate par l'acide sulfurique.** — Il suffit de chauffer l'azotate de potassium ou celui de sodium avec de l'acide sulfurique concentré, dans une cornue, pour obtenir des vapeurs d'acide azotique que l'on condense dans un ballon refroidi (*fig.* 69).

L'acide est coloré en jaune par les vapeurs rutilantes qui proviennent de sa décomposition partielle (208).

L'azotate s'est transformé en un bisulfate qui reste dans la cornue :

$$AzO^3Na + SO^4H^2 = AzO^3H + SO^4HNa.$$

Azotate de sodium         Bisulfate de sodium

Dans l'industrie, la réaction se fait dans une chaudière en fonte (*fig.* 70); l'acide est reçu dans des bonbonnes contenant de l'eau qui le dissout.

**2° Préparation à l'aide de l'azote de l'air.** — Si l'on fait jaillir des décharges électriques dans l'air en pré-

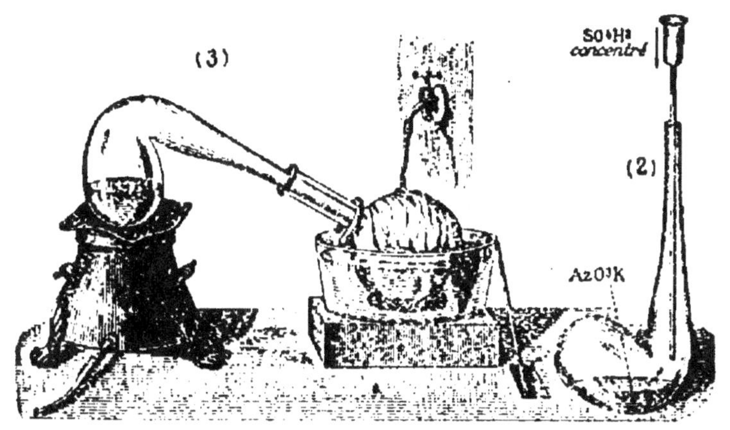


Fig. 69. — Préparation de l'acide azotique fumant.
(1). Introduction (non figurée) de l'azotate dans la cornue.
(2). Introduction de l'acide sulfurique.
(3). Chauffage du mélange; l'acide azotique distille.

sence de l'eau, dans des fours électriques spéciaux, on réalise la **synthèse de l'acide azotique** (207).

Cette synthèse nous donne le moyen de transformer en azotates, directement assimilables par les végétaux, l'azote inépuisable de l'atmosphère.


**221. Applications.** — L'acide azotique est, avant tout, un **oxydant;** on l'emploie :

1° Dans l'industrie de l'acide sulfurique (procédé des chambres de plomb) (195);

2° Dans la **préparation des explosifs modernes**

et de nombreux produits dérivés des matières organiques.

3° Dans la **gravure industrielle sur les métaux
usuels** : cuivre, zinc, etc. (gravure à l'eau-forte).

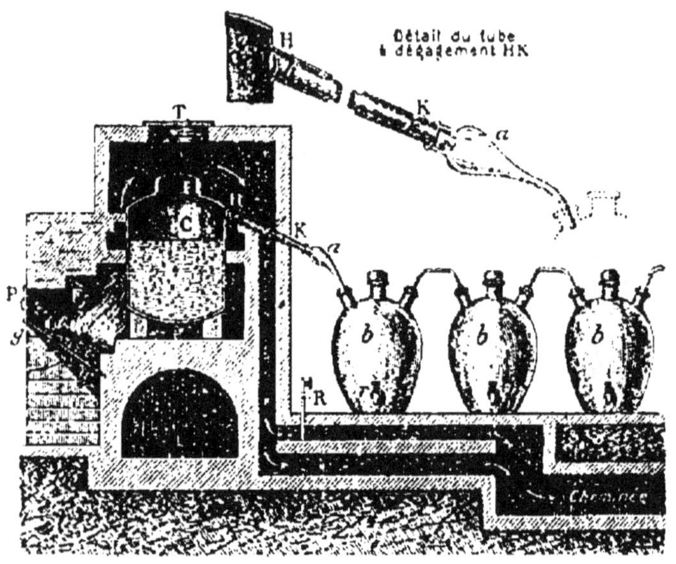


Fig. 70. — Préparation industrielle de l'acide azotique.
C. Chaudière en fonte.
b. Bonbonnes de condensation.

Le métal étant recouvert d'un vernis inattaquable,
on enlève le vernis avec un burin suivant les traits
du dessin à graver, et l'on plonge le tout dans l'acide
qui attaque le métal partout où il a été mis à nu.

Il suffit ensuite de laver à grande eau pour enlever
l'excès d'acide et pour dissoudre l'azotate formé, et
l'on voit apparaître en creux le dessin figuré.

# CHAPITRE XXI

## PHOSPHATE DE CALCIUM. PHOSPHORE

### Phosphate de calcium

**222. État naturel.** — Les os des vertébrés sont formés par une association complexe de matières organiques et de matières minérales.

Si l'on chauffe ces os en présence de l'air, les matières organiques sont brûlées; les matières minérales restent à l'état de résidu friable, la *cendre d'os*.

On a pu extraire de ce résidu le métalloïde appelé phosphore, que nous avons déjà entrevu. Il existe dans les os sous la forme d'une combinaison, le phosphate de calcium, de formule $(PO^4)^2 Ca^3$.

Ce phosphate se trouve aussi dans des sables phosphatés, abondants en France, en Algérie et en Tunisie.

Le phosphate de calcium est un corps solide blanc, insoluble dans l'eau, indécomposable par la chaleur.

Les végétaux en contiennent normalement et l'empruntent au sol. Aussi l'agriculture utilise-t-elle ce phosphate comme engrais. Son insolubilité dans l'eau le rend peu assimilable. On le transforme en un corps soluble en le traitant par l'acide sulfurique; on obtient ainsi un mélange appelé *superphosphate*.

## Phosphore

### Symbole : P.     Poids atomique : 31.

**228. Variétés.** — Le phosphore se présente à nous sous deux formes distinctes : le **phosphore blanc** et le **phosphore rouge**.

**224. Propriétés physiques.** — 1° **Phosphore blanc.** — Récemment préparé, c'est un solide mou, translucide et presque incolore. Il possède une odeur alliacée. Sa densité est égale à $1^{gr},8$ par centimètre cube.

Il est insoluble dans l'eau et doit se conserver dans ce liquide, car il s'altère dans l'air. Le phosphore blanc peut néanmoins se dissoudre dans divers liquides, en particulier dans le sulfure de carbone.

Il devient liquide à **44°** (on a soin de le fondre à l'abri de l'air en le laissant sous une couche d'eau) et peut facilement être maintenu en surfusion, c'est-à-dire liquide au-dessous de **44°**.

Il est volatil et répand, dès la température ordinaire, des vapeurs dangereuses à respirer. Il bout à **280°**, mais on ne doit le distiller qu'avec prudence dans un gaz inerte pour éviter son inflammation.

Exposé à la lumière, le phosphore blanc devient opaque, et se transforme en phosphore rouge.

2° **Phosphore rouge.** — C'est un corps solide rouge, dur, cassant et pulvérisable. Il est inodore.

Sa densité est supérieure à $2^{gr}$ par centimètre cube, et dépasse celle du phosphore blanc.

Il est insoluble dans l'eau et dans le sulfure de carbone. Il est infusible et ne bout pas.

Lorsqu'on le chauffe au-dessous de 280°, il se transforme en vapeurs qui, par refroidissement brusque, fournissent du phosphore blanc liquide, puis solide.

**225. Passage d'une variété à l'autre.** — La transformation du phosphore blanc en phosphore rouge s'effectue non seulement sous l'influence de la lumière, mais aussi sous l'influence de la chaleur et des étincelles électriques.

Ces agents physiques effectuent la transformation sans changer le poids du phosphore. Il en est de même lorsque, par refroidissement brusque, on réalise la transformation inverse de la vapeur de phosphore en phosphore blanc.

On exprime ces faits en disant que le phosphore blanc et le phosphore rouge sont deux **variétés allotropiques** d'un même corps.

**226. Propriétés chimiques.** — **Combustion:** 1° *Phosphore blanc.* — L'étude de l'oxygène nous a déjà montré que le phosphore est un corps **essentiellement oxydable.** Exposé à l'air, sous la forme de phosphore blanc, il s'oxyde immédiatement.

A la température ordinaire, la combustion est lente et accompagnée de lueurs visibles dans l'obscurité. Cette *phosphorescence* est inséparable de l'oxydation et cesse avec elle ; le phosphore lui doit son nom.

La combustion lente du phosphore est accompagnée d'un dégagement de chaleur qui peut se dissiper au fur et à mesure de sa production ; mais si aucune cause de refroidissement n'intervient la température s'élève peu à peu, et, dès qu'elle atteint 60°, le phosphore s'enflamme et la combustion devient vive.

Le phosphore divisé s'oxyde encore plus rapidement. Il suffit, par exemple, de répandre sur une feuille de papier buvard une dissolution de phosphore dans le sulfure de carbone pour observer, au bout de quelques minutes, l'inflammation du phosphore divisé, abandonné par l'évaporation du dissolvant.

Enfin, en présence d'un excès d'oxygène, la combustion peut devenir vive, même au sein d'une grande masse d'eau, pourvu que la température puisse atteindre 60' (*fig. 71*).

C'est à cause de cette grande avidité

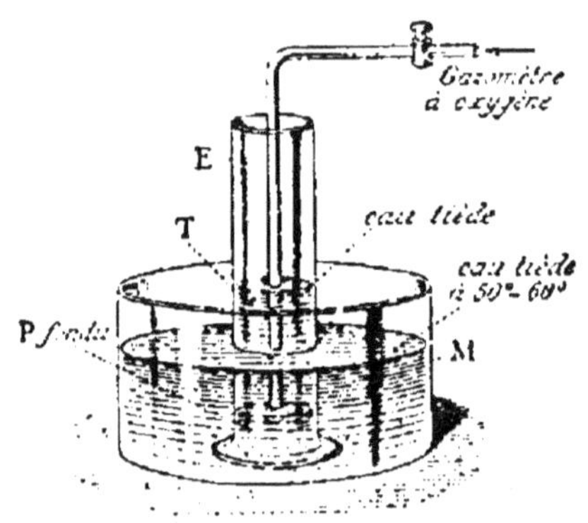


Fig. 71. — Le phosphore s'enflamme à 60° au contact de l'oxygène, même sous une couche d'eau.

pour l'oxygène qu'il est indispensable de conserver le phosphore blanc sous une couche d'eau. On le laisse également dans l'eau pour le manier, le couper, le fondre.

2° **Phosphore rouge.** — Sous cette forme, le phosphore est moins oxydable. Il ne s'oxyde plus à la température ordinaire, et, par suite, n'est pas phosphorescent. Il s'enflamme dans l'air vers 260° et subit alors une combustion vive, comme le phosphore blanc.

**227. Produits de combustion.** — Les produits de la combustion vive sont les mêmes pour les deux variétés de phosphore. Si la combustion s'effectue dans l'oxygène ou dans l'air secs, elle est accompagnée de la production de fumées blanches (*fig.* 10), constituées par un corps solide que l'on peut recueillir. On l'appelle *anhydride phosphorique;* sa formule est $P^2O^5$.

En présence de l'eau, on peut obtenir des produits variés; le plus important est l'*acide phosphorique* $PO^4H^3$, lié à l'anhydride phosphorique par l'équation :

$$P^2O^5 + 3H^2O = 2PO^4H^3.$$

Anhydride phosphorique       Acide phosphorique

**228. Propriétés réductrices.** — La facilité avec laquelle le phosphore s'oxyde, doit le faire considérer comme un **réducteur énergique.** Il s'empare, en effet de l'oxygène de nombreux composés : l'acide azotique, l'acide sulfurique, les oxydes métalliques. Dans toutes ces réductions, et plus généralement dans toutes les réactions, le phosphore rouge manifeste moins d'énergie que le phosphore blanc.

**229. Combinaison avec le chlore.** — Le phosphore blanc introduit dans un flacon de chlore (*fig.* 10) s'enflamme spontanément en donnant des fumées suffocantes, formées par des chlorures de phosphore.

**230. Combinaison avec le soufre.** — On peut combiner le phosphore avec le soufre, à chaud, et obtenir des combinaisons parmi lesquelles nous citerons le sesquisulfure de phosphore $S^3P^4$, peu oxydable à froid, mais s'enflammant dans l'air à 100°. Ce corps est utilisé dans la fabrication des allumettes.

**231. Action sur l'organisme.** — Le phosphore blanc est un **poison violent.** Dans les manufactures où ce corps était utilisé sans précaution, les ouvriers exposés aux vapeurs de phosphore finissaient par être atteints d'une maladie mortelle : la nécrose des os.

Les propriétés toxiques du phosphore blanc se manifestent plus rapidement lorsqu'il est introduit à l'état solide, même à faible dose, dans l'organisme. Il paraît agir en se combinant à l'oxygène du sang.

Dans les laboratoires, on devra donc éviter avec soin les brûlures par le phosphore, celui-ci pouvant s'enflammer spontanément entre les doigts.

Le phosphore rouge non oxydable à froid, n'est pas vénéneux.

### 232. Extraction.

— Le phosphore s'extrait du phosphate de calcium naturel (sables phosphatés) ou du phosphate contenu dans les os.

Ce dernier phosphate constitue les 4/5 de la matière minérale des os ; le reste est formé de calcaire.

**1° Emploi de l'énergie électrique.** — Le phosphate de calcium mélangé avec du sable et du charbon, est traité dans un four où l'on fait passer un fort courant

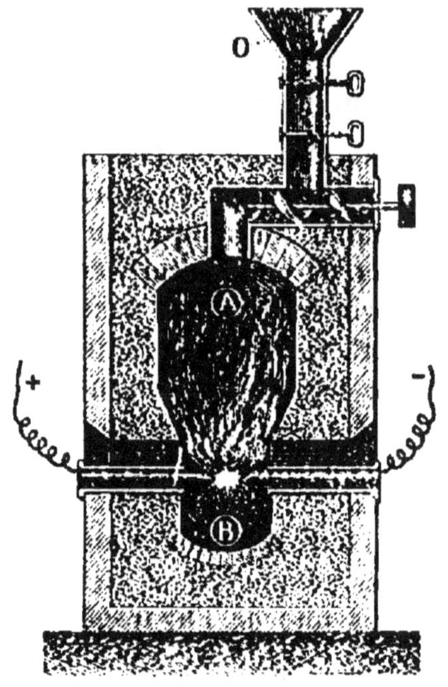



Fig. 72. — Four électrique pour la préparation du phosphore.

O. Ouverture de chargement.

A. Ouverture de dégagement des vapeurs de phosphore communiquant avec les appareils de condensation.

B. Ouverture par laquelle on enlève les scories.

électrique entre deux tiges de charbon (four électrique) (*fig.* 72). On réalise ainsi une température excessivement élevée, qui dépasse 3.000°.

Dans ces conditions, le phosphore se sépare du phosphate et se dégage à l'état de vapeurs que l'on dirige dans de l'eau où il se condense.

**2° Emploi de l'acide phosphorique.** — Le phosphate de calcium peut être transformé en acide phosphorique. On réalise surtout cette transformation lorsqu'on s'adresse au phosphate des os.

Les os sont abandonnés pendant une dizaine de jours à l'action de l'acide chlorhydrique étendu, qui dissout les matières minérales des os et n'attaque pas la matière organique qui reste comme résidu sous la forme de masses cartilagineuses ayant la forme des os primitifs : c'est l'**osséine** que l'on transforme industriellement en gélatine.

Le liquide qui baigne l'osséine est ensuite transformé en une dissolution d'acide phosphorique $PO^4H^3$, que l'on concentre par évaporation, et que l'on mélange avec du charbon destiné à jouer le rôle de réducteur.

Le tout est chauffé au rouge dans des cornues en terre. Le phosphore se dégage en vapeurs, en même temps que de l'hydrogène et une combinaison gazeuse, l'oxyde de carbone. La réaction peut se formuler :

$$PO^4H^3 + 4C = P + 4CO + 3H.$$

Le mélange est dirigé dans de l'eau tiède où le phosphore se condense. Le phosphore est ensuite purifié par distillation dans un gaz inerte.

**238. Préparation du phosphore rouge.** — Elle s'effectue industriellement en soumettant le phosphore blanc à l'action de la chaleur. Le phosphore est placé dans une marmite en fonte et porté lentement à une température de 280°. La transformation exige plusieurs jours. Lorsqu'elle est terminée, on trouve dans la chaudière une masse dure et compacte que l'on doit broyer sous l'eau et débarrasser, par un dissolvant, du phosphore blanc non transformé qui serait susceptible de rendre la masse trop inflammable par oxydation.

**234. Applications.** — Le phosphore blanc, trop inflammable et trop dangereux, est transformé en **phosphore rouge** dont une bonne partie sert à préparer le **sesquisulfure de phosphore,** destiné à la **fabrication des allumettes chimiques.**

Les allumettes ordinaires sont de petites baguettes de bois blanc dont une extrémité a été trempée dans du soufre fondu, puis dans une pâte phosphorée ; cette pâte est formée de sulfure de phosphore (corps inflammable), de chlorate de potassium (corps oxydant, facilitant la combustion), de colle (corps agglutinant) et de verre pilé (pour faciliter les frottements).

Le frottement de l'allumette sur un corps rugueux produit un échauffement suffisant pour amorcer une réaction. Le phosphore s'enflamme et sa combustion enflamme le soufre qui peut ensuite enflammer le bois.

Les allumettes dites amorphes ont une pâte non phosphorée, de chlorate de potassium (oxydant), de sulfure d'antimoine (combustible) et de colle ; elles ne s'enflamment que sur un frottoir spécial comportant du phosphore rouge.

# CHAPITRE XXII

# CARBONE

### *Symbole : C — Poids atomique : 12*

**235. État naturel.** — La combustion du charbon dans l'oxygène (28) nous a fourni un gaz incolore, le *gaz carbonique*, troublant l'eau de chaux.

Ce même gaz apparaît parmi les produits de la combustion des divers combustibles usuels connus sous la dénomination générale de *charbons*.

On l'obtient également en faisant brûler du *diamant* ou du *graphite*.

Or le poids du gaz obtenu est toujours plus grand que le poids de l'oxygène qui lui a donné naissance ; on en conclut que ce gaz carbonique est une combinaison, et l'on appelle **carbone** le corps qui s'y trouve combiné à l'oxygène.

C'est un corps simple contenu dans les divers charbons, dans le diamant et le graphite dont il vient d'être question.

Lavoisier a reconnu que le diamant ne laisse qu'un résidu négligeable en brûlant et donne uniquement du gaz carbonique ; il en a conclu que le diamant est du carbone à peu près pur.

Le carbone est un élément essentiel des *matières*

*organiques*, car la combustion de ces substances fournit du gaz carbonique.

Enfin il fait partie de diverses roches analogues aux *calcaires* (206).

**236. Variétés de carbone.** — La nature nous offre le carbone pur sous deux formes cristallisées bien distinctes, le *diamant* et le *graphite*.

Le carbone pur qui nous est fourni par les matières organiques se présente sous une autre forme ; il n'est pas cristallisé et s'appelle *carbone amorphe*.

Ces trois variétés : diamant, graphite, carbone amorphe, se distinguent par des propriétés physiques différentes que nous étudierons sommairement.

**237. Diamant.** — Ce corps est peu répandu dans la nature et se trouve rarement en gros cristaux. On en a trouvé longtemps au Brésil, aux Indes anglaises, à Bornéo et en Australie. Actuellement, on le trouve surtout dans le sud de l'Afrique.

Les cristaux de diamant sont généralement transparents et parfois incolores; mais le plus souvent ils présentent des teintes assez variées.

Quelques variétés sont noires et opaques.

Le diamant est remarquable par sa *dureté :* il ne peut être rayé par aucun corps naturel et les raye tous. Cette dureté le fait rechercher pour la confection d'outils destinés à percer les roches dures (forage des trous de mine dans les travaux souterrains) et à couper le verre (diamants des vitriers).

La joaillerie l'utilise comme pierre précieuse, lorsqu'il est limpide, en raison des jeux de lumière qu'il peut donner, surtout lorsqu'il possède un grand nombre de facettes convenablement distribuées.

On multiplie le nombre des facettes en taillant le diamant (*fig.* 73). L'opération difficile de la taille se réalise en usant le diamant à l'aide de sa propre poussière provenant des fragments inutilisables.

Fig. 73.

Diamant taillé en brillant.  Diamant taillé en rose.

**238. Graphite.** — On trouve des gisements de graphite à Ceylan et en Sibérie.

Les variétés naturelles peuvent contenir 5 %, d'impuretés, mais on peut obtenir du graphite très pur en soumettant le carbone amorphe à la haute température du four électrique.

Le graphite est solide, noir ou gris d'acier; il est onctueux au toucher, tendre et assez friable pour laisser une trace sur le papier. Cette propriété lui fait donner le nom de *plombagine* et le fait utiliser pour la fabrication des crayons.

Le graphite est relativement bon conducteur de l'électricité et rend des services dans l'industrie électrique.

Incorporé à des corps gras, il sert d'enduit pour préserver de la rouille les objets en fer que l'on ne peut pas recouvrir de peinture (tuyaux de poêle, fourneau en fonte, etc.); on l'utilise aussi pour diminuer les frottements de certaines pièces métalliques, les engrenages, par exemple.

**239. Carbone amorphe.** — Si l'on chauffe à l'abri de l'air une substance organique, le sucre par exemple,

on observe une décomposition accompagnée d'un dégagement de vapeur d'eau et de gaz combustibles.
La matière se boursoufle et laisse finalement un résidu
noir, poreux et friable (*fig.* 74). C'est du *carbone
amorphe*. L'opération qui le fournit porte le nom de
*carbonisation*.

Elle fournit du carbone pur si la substance employée ne contient pas de matières minérales, susceptibles de laisser un résidu. Le charbon de sucre est du
carbone à peu près pur. On l'utilise parfois dans les laboratoires.

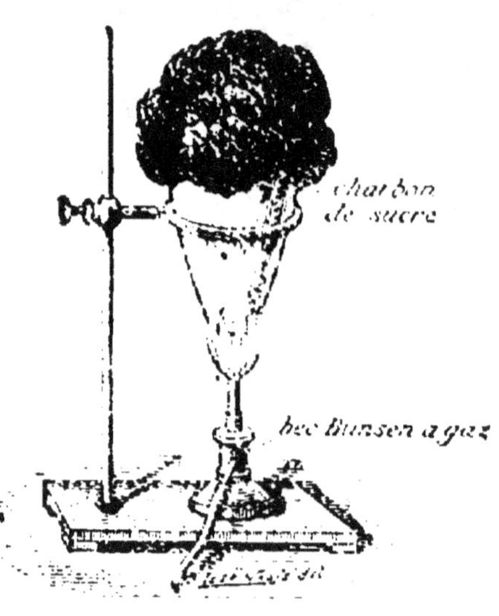


Fig. 74. — Calcination du sucre.

Nous rencontrerons plus loin des produits naturels
ou artificiels riches en carbone amorphe.

**240. Densité des variétés de carbone.** -- Indépendamment des différences que nous venons de si-
gnaler, les trois variétés fondamentales de carbone
se distinguent par des densités bien-différentes :

| | | |
|---|---|---|
| Diamant............... | 3$^{gr}$,5 par centimètre cube |
| Graphite............... | 2 ,2 — — |
| Carbone amorphe..... | 1 ,8 — — |

Le verre, qui sert à imiter le diamant, est moins dense que lui, mais il est plus dense que le graphite.

**241. Propriétés physiques communes aux diverses variétés.** — Sous toutes ses formes, le carbone est infusible et, lorsqu'on le porte aux hautes températures du four électrique, il se volatilise vers 3.500°. Sa vapeur fournit toujours du graphite en se refroidissant, quelle que soit la variété soumise à l'action de la chaleur.

Cette propriété fait utiliser le graphite naturel ou artificiel pour confectionner des tubes et des creusets destinés à subir de très hautes températures.

Toutes les formes de carbone sont insolubles dans les liquides usuels. On ne peut les dissoudre que dans divers métaux en fusion, le fer par exemple. En même temps, une partie du carbone peut se combiner au métal pour donner des carbures. Les mélanges complexes ainsi obtenus portent le nom de *fontes.*

Par refroidissement, les fontes peuvent abandonner une partie du carbone dissous, et celui-ci, quelle que soit la variété primitive, se dépose à l'état de graphite que l'on peut séparer du reste du métal en attaquant ce métal par un acide.

**242. Propriétés chimiques.** — Les propriétés les plus importantes se rattachent à la facilité avec laquelle le carbone peut se combiner à l'oxygène.

Sous toutes ses formes, le carbone est essentiellement *combustible.*

Sa combustion, réalisée en présence d'un excès d'oxygène, fournit du gaz carbonique.

On peut diriger l'opération de façon à obtenir la composition du gaz carbonique ; il suffit de mesurer le volume d'oxygène employé et le volume du gaz carbonique obtenu. On trouve des volumes égaux.

**Le gaz carbonique contient donc un volume d'oxygène égal au sien.**

Cherchons à représenter ce fait par une formule.

D'après ce qui a été vu précédemment (150), il est commode de faire représenter à la formule du gaz carbonique un poids occupant un volume égal au volume moléculaire, qui est de $22^{lit},4$.

Or, l'expérience montre que $22^{lit},4$ de gaz carbonique pèsent 44 grammes ; d'après ce qui précède, ils contiennent $22^{lit},4$ ou 32 grammes d'oxygène, représentés par $O^2$, et un poids de carbone égal à :

$$44 - 32 = 12$$

puisque le gaz carbonique est uniquement formé de carbone et d'oxygène.

Si l'on représente ce poids de carbone par C, on obtient la formule $CO^2$.

Ce corps n'est pas le seul composé oxygéné que puisse fournir le carbone en brûlant. Si l'oxygène n'est pas en grand excès, il se produit, en même temps que $CO^2$, un autre gaz ne troublant pas l'eau de chaux : c'est l'*oxyde de carbone*. Sa composition est représentée par la formule $CO$.

La combinaison du carbone avec l'oxygène est accompagnée d'un grand dégagement de chaleur. De là l'emploi des charbons usuels comme combustibles.

Généralement, le carbone ne s'enflamme qu'à une température élevée ; mais s'il est très divisé, l'oxydation commence lentement à la température ordinaire, et peut s'accélérer jusqu'à produire l'inflammation spontanée du charbon. C'est ce qui se produit parfois dans les mines de houille.

**243. Propriétés réductrices.** — Le carbone peut s'emparer de l'oxygène combiné à d'autres corps; en d'autres termes, c'est un **réducteur énergique** (65).

**Réduction des oxydes métalliques.**—Les propriétés réductrices du carbone se manifestent aisément en présence des oxydes métalliques.

L'oxyde de cuivre, corps noir résultant de l'oxydation du cuivre, peut être facilement réduit si on le chauffe dans un tube après l'avoir intimement mélangé avec du charbon en poudre (*fig.* 75).

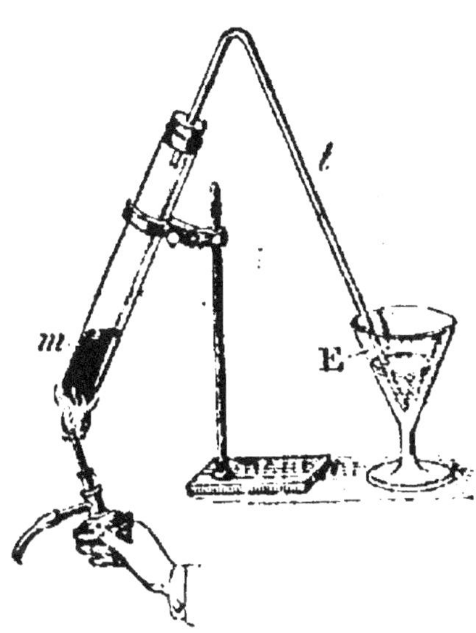

Fig. 75. — Réduction d'un oxyde par le charbon.

m. Mélange de charbon et d'oxyde de cuivre.
E. Eau de chaux servant à caractériser le gaz carbonique.

On obtient un dégagement de gaz carbonique, et on trouve ensuite dans le tube du cuivre en poudre rouge. On peut écrire l'équation :

$$2CuO + C = CO^2 + 2Cu,$$

Oxyde de cuivre

mais la réduction n'est pas toujours aussi facile.

L'oxyde de zinc, que l'on obtient sous forme d'une poudre blanche lorsqu'on fait brûler du zinc dans l'air n'est réduit par le charbon que si l'on chauffe très fortement, et l'on obtient alors un dégagement d'oxyde de carbone :

$$ZnO + C = CO + Zn.$$
Oxyde de zinc

Enfin certains oxydes ne sont réduits qu'aux températures élevées du four électrique : c'est le cas de l'oxyde de calcium ou chaux vive. Dans ces conditions, le métal s'unit au carbone pour donner du carbure de calcium, et il se dégage de l'oxyde de carbone :

$$CaO + 3C = CO + C^2Ca.$$
Oxyde de calcium        Carbure de calcium

Toutes ces réactions sont utilisées industriellement.


**244. Décomposition de la vapeur d'eau.** — La vapeur d'eau elle-même peut être réduite par le carbone, à haute température.

Fig. 76. — Décomposition de la vapeur d'eau par le charbon chauffé au rouge.

C'est ce que l'on constate en dirigeant de la vapeur d'eau dans un tube contenant du charbon chauffé au rouge (*fig.* 76). On recueille un mélange gazeux contenant de l'hydrogène et de l'oxyde de carbone, mêlés à un peu de gaz carbonique :

$$H^2O + C = 2H + CO,$$
$$2H^2O + C = 4H + CO^2.$$

La proportion de gaz carbonique formée est d'autant plus faible que la température est plus élevée. On peut donc obtenir par ce moyen un mélange gazeux combustible (l'oxyde de carbone est combustible comme l'hydrogène). Ce mélange, qui peut servir au chauffage des fours ou au fonctionnement des moteurs, est connu sous le nom de *gaz à l'eau;* on l'obtient en dirigeant un jet de vapeur d'eau à travers une couche épaisse de coke incandescent.

**245. Réduction des acides oxygénés.** — Nous avons rencontré diverses réductions exercées par le charbon.

Il réduit l'acide azotique et le transforme en peroxyde d'azote (211). Il réduit l'acide phosphorique, et le phosphore est mis en liberté (232).

Enfin il peut réduire l'acide sulfurique concentré et le transforme à chaud en gaz sulfureux :

$$2SO^4H^2 + C = 2SO^2 + CO^2 + 2H^2O.$$

On comparera utilement cette réaction à celle que fournit le soufre (193).

**246. Applications.** — Les exemples qui précèdent suffisent pour justifier l'importance du **rôle réducteur du carbone.**

Nous rencontrerons d'autres applications en étudiant les charbons usuels.

# CHAPITRE XXIII

# CHARBONS USUELS
# COMBUSTIBLES NATURELS ET ARTIFICIELS

**247. Classification des charbons.** — On donne le nom de charbons à des substances qui sont assez riches en carbone pour que l'on puisse les rapprocher du carbone amorphe.

Presque tous ces charbons sont utilisés pratiquement comme combustibles; nous les diviserons en *combustibles naturels* et *combustibles artificiels*.

Quelques charbons sont utilisés pour leurs propriétés physiques.

## Combustibles naturels

**248. Origine.** — On trouve dans la nature, sous la forme de gisements disséminés dans des régions très variées, des combustibles dont l'élément essentiel est le carbone. On peut les classer en quatre catégories :

L'anthracite, la *houille*, le *lignite*, la *tourbe*.

Les empreintes végétales que l'on observe fréquemment sur la houille et les lignites, montrent que ces charbons proviennent de la carbonisation lente des végétaux qui ont vécu sur la Terre à des époques fort reculées.

La tourbe est d'ailleurs plus voisine des végétaux que du carbone, et peut être considérée comme un charbon en voie de formation.

**249. Anthracite ou charbon de pierre.** — Ce charbon est le plus ancien et le plus pur des charbons naturels; il peut contenir jusqu'à 95 $^0/_0$ de carbone. Il est noir, compact, très dense ($1^{gr},3$ à $1^{gr},75$ par centimètre cube), difficile à enflammer et ne peut être utilisé que dans des foyers à fort tirage. Il dégage beaucoup de chaleur, ne laisse que très peu de cendres et constitue, par suite, un excellent combustible.

**250. Houille ou charbon de terre.** — C'est un charbon noir, brillant, moins ancien et moins pur que l'anthracite; il est aussi moins dense ($1^{gr},25$ à $1^{gr},35$ par centimètre cube) et peut contenir de 75 à 95 $^0/_0$ de carbone.

On distingue les houilles grasses qui se ramollissent et se boursouflent en brûlant, et les houilles maigres qui ne se boursouflent pas. Ces dernières dégagent moins de chaleur que les houilles grasses.

La houille n'est pas seulement un combustible industriel de premier ordre; elle sert aussi à fabriquer le **gaz d'éclairage**, les **goudrons** et de nombreux produits importants, parmi lesquels nous citerons ici l'**ammoniaque** (143).

**251. Lignite.** — C'est un charbon plus récent que la houille, et rappelant par sa structure ligneuse le bois dont il provient. Le lignite est moins dense que la houille (1ᵉʳ,2 par centimètre cube) et contient seulement de 55 à 75 °/₀ de carbone.

C'est un combustible médiocre, à flamme fumeuse.

Certaines variétés de lignite noir peuvent acquérir un beau poli et servent, sous le nom de *jais naturel*, à fabriquer des parures de deuil.

**252. Tourbe.** — C'est un charbon en voie de formation ; il résulte de la carbonisation, encore inachevée, des végétaux qui croissent dans les terrains marécageux.

La tourbe est un combustible brûlant avec une flamme fumeuse. C'est un bon antiseptique.

## Combustibles artificiels

**253. Origine.** — Ces combustibles résultent de la décomposition des charbons naturels ou des végétaux sous l'influence de la chaleur. Nous distinguerons :

1° Le *charbon de bois* provenant de la carbonisation du bois ;

2° Le *coke* et le *charbon des cornues* provenant de la décomposition de la houille ;

3° Les *combustibles agglomérés* provenant des débris des charbons de toute nature.

**254. Charbon de bois.** — La carbonisation du bois est obtenue en soumettant le bois à l'influence de la chaleur.

Si l'on chauffe quelques morceaux de bois dans un tube à essai, on observe un dégagement de produits volatils inflammables, et le bois laisse un résidu noir : c'est du charbon de bois.

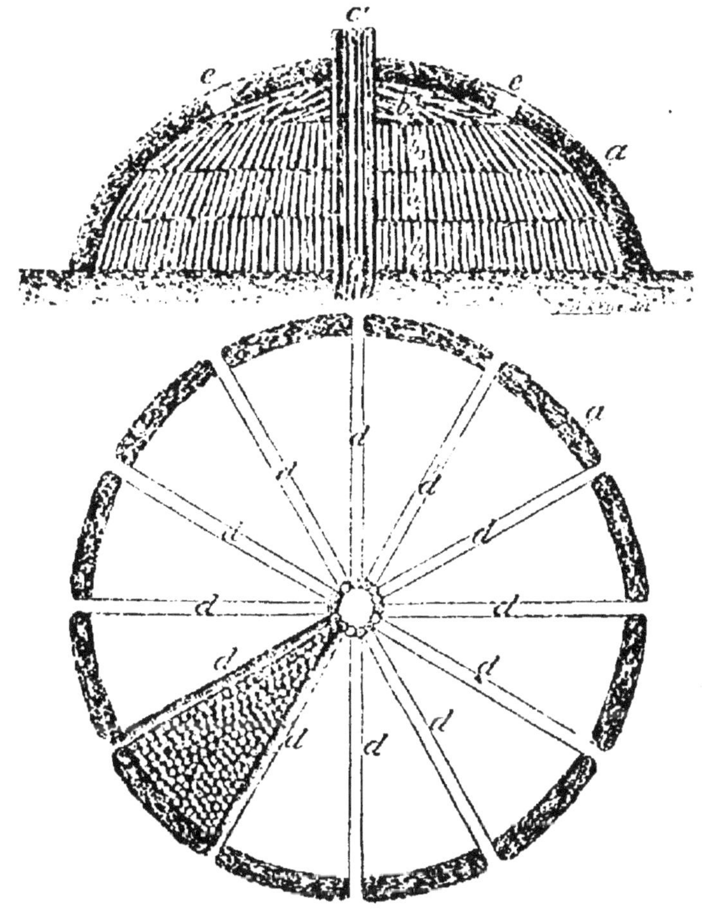

Fig. 77. — Fabrication du charbon de bois dans les meules des forêts.

cc' — Cheminée.

e — Ouvertures ou évents. Lorsque la carbonisation est achevée au niveau des évents, on les ferme et on ouvre d'autres évents situés plus bas jusqu'à ce que l'on soit arrivé au niveau du sol.

On obtient industriellement ce charbon de deux façons :

**1° Dans les meules des forêts.** — Le procédé consiste à réaliser la combustion incomplète du bois en utilisant une partie de ce bois comme combustible pour. produire la chaleur nécessaire à l'opération.

Le bois, convenablement coupé est empilé en meules régulières (*fig.* 77) autour d'une cheminée centrale. Dans la meule, recouverte de terre, on ménage des ouvertures ou évents pour laisser pénétrer l'air nécessaire à la combustion. Celle-ci est obtenue en introduisant dans la cheminée des herbes sèches qu'on enflamme.

Le procédé est commode, car il n'exige aucun appareil spécial, mais il offre l'inconvénient de sacrifier une partie du bois et de laisser perdre tous les produits volatils fournis par la décomposition. De plus, la carbonisation ne se fait pas très régulièrement.

**2° Dans les cylindres.** — Le bois est soumis à la chaleur dans des chaudières cylindriques en tôle.

La méthode exige une usine, mais elle présente l'avantage de fournir un charbon de bonne qualité et de permettre l'utilisation des divers produits volatils, que l'on condense dans des tubes refroidis.

**255. Propriétés du charbon de bois.** — Ce charbon est noir et présente la forme du bois dont il provient; il est poreux et facilement inflammable.

Il possède des **propriétés absorbantes** remarquables, principalement vis-à-vis des gaz très solubles dans l'eau : immergeons dans du mercure (*fig.* 78) un morceau de charbon incandescent, de façon à le refroidir à l'abri de l'air, et introduisons-le dans une éprouvette pleine de gaz ammoniac et renversée sur la cuve à mercure ; le gaz est absorbé par le charbon et le mercure envahit l'éprouvette.

D'ailleurs le gaz ne s'est pas combiné et se dégage dès que le charbon est chauffé ou exposé à l'air.

Ce pouvoir absorbant s'accentue dès que l'on abaisse la température, et l'on a pu, aux basses températures que fournit l'air liquide, utiliser le charbon pour faire le vide sans avoir

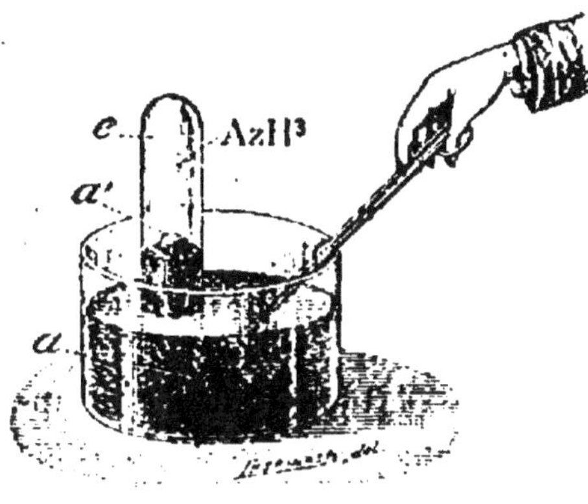


Fig. 78. — Absorption d'un gaz par le charbon de bois.

recours aux complications des machines pneumatiques.

On utilise parfois les propriétés absorbantes du charbon pour clarifier les eaux destinées à l'alimentation.

**256. Coke.** — Le coke est le résidu solide de la décomposition de la houille par la chaleur.

Cette décomposition qui fournit en même temps des produits gazeux combustibles, est utilisée pour fabriquer le gaz d'éclairage (1.000 kilogrammes de houille fournissent à peu près 600 à 700 kilogrammes de coke).

Le coke est un charbon poreux, gris noirâtre, généralement terne.

Les cokes provenant des houilles grasses sont boursouflés ; ceux qui proviennent des houilles maigres conservent approximativement la forme des morceaux de houille dont ils proviennent.

En raison de son mode de production, le coke ne contient pas de produits volatils, et par suite, *il brûle sans flamme;* mais sa combustion dégage beaucoup de chaleur. C'est donc un excellent combustible, très employé pour le chauffage domestique. L'industrie le fabrique pour réaliser diverses opérations métallurgiques dans lesquelles la houille donnerait de mauvais résultats.

Le coke n'est pas du carbone pur ; sa combustion laisse des cendres provenant des matières minérales de la houille.

**257. Charbon des cornues.** — La décomposition de la houille par la chaleur s'effectue dans des cornues en terre, portées à une température très élevée, supérieure à 1.200°.

Dans ces conditions, les produits volatils dégagés par la houille peuvent se décomposer partiellement et abandonner, sur les parois des cornues, un dépôt compact qui constitue le *charbon des cornues.*

C'est du carbone presque pur, relativement bon conducteur de la chaleur et de l'électricité. Aussi, peut-il être utilisé au même titre que le graphite artificiel dans diverses applications électriques.

**258. Charbons agglomérés.** — Dans le but d'utiliser les poussières des divers charbons naturels ou artificiels, on les agglomère en les agglutinant à l'aide de substances goudronneuses. On obtient ainsi une pâte que l'on comprime dans des moules de diverses formes (briquettes, boulets, etc.); il suffit ensuite de chauffer le tout pour avoir des agglomérés solides, d'un emploi plus commode que les débris dont ils proviennent.

C'est sur le même principe que l'on fabrique les agglomérés en charbon de formes variées qu'utilise l'industrie électrique.

## Charbons non utilisés comme combustibles

**259. Noir de fumée.** — Nous savons que la combustion complète des matières carbonées transforme le carbone en gaz carbonique. Mais lorsque la combustion est incomplète, une partie du carbone échappe à cette combustion et apparaît dans les flammes sous forme d'une poussière noire, appelée *noir de fumée.*

C'est ce qui se produit, en particulier, lorsque les flammes des combustibles usuels (bougies, pétrole, huile, gaz d'éclairage, etc.) se trouvent en présence d'une quantité d'oxygène insuffisante, ou encore lorsque l'on écrase les flammes à l'aide d'un corps froid.

On prépare industriellement le noir de fumée en réalisant la combustion incomplète des résines et des graisses. La substance, placée dans une chaudière B, brûle en A (*fig.* 79) dans de petites cheminées C, communiquant avec un canal D qui distribue les fumées dans une série de sacs en toile D avant d'arriver à la cheminée qui établit le tirage.

Le noir le plus gros se dépose dans les premiers sacs, le plus fin se dépose plus loin du foyer

On prépare également, sous le nom de *noir d'acétylène,* une matière analogue au noir de fumée, en réalisant en vase clos, la décomposition d'un gaz très riche en carbone, l'acétylène.

Le noir de fumée est pulvérulent, noir, très léger, gras au toucher. Il ne se mouille pas facilement au

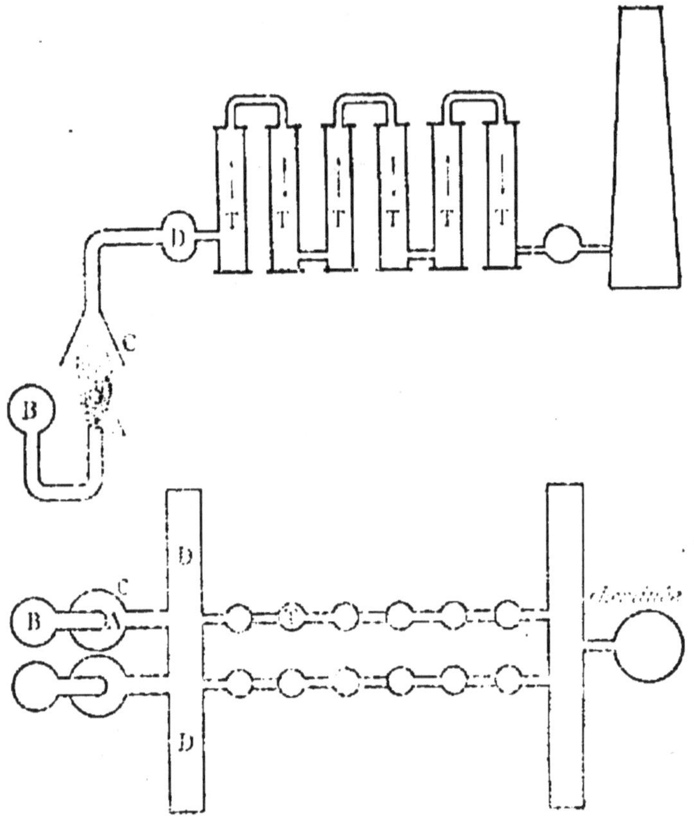

Fio. 79. — Préparation du noir de fumée.

contact de l'eau, et doit être délayé dans diverses huiles.

On l'utilise pour fabriquer *les encres d'imprimerie, l'encre de chine, les crayons noirs, les peintures noires ou grises* (par l'addition de blanc) *et les vernis.*

**260. Noir animal.** — Le noir animal résulte de la calcination des os en vase clos. Il est produit par la carbonisation de la substance organique (osséine) des os, substance qui est brûlée lorsque l'on calcine les os en présence de l'air (222).

Le noir animal est un charbon très impur, formé par du carbone très divisé, disséminé dans les matières minérales des os dont il provient. Aussi ne peut-on pas le considérer comme un combustible ; il ne contient pas plus de $10 \%$ de carbone.

Il est remarquable par ses propriétés absorbantes : il suffit, après broyage, de l'agiter avec un liquide colorant (vin, tournesol, indigo, encre) et de filtrer, pour obtenir un liquide incolore. Cette propriété est susceptible d'applications industrielles.

La matière colorante n'est pas détruite, mais seulement absorbée par le noir animal. D'ailleurs, le pouvoir absorbant s'épuise peu à peu. Pour rendre au noir animal ses propriétés primitives, on le fait bouillir avec de l'eau acidulée par de l'acide chlorhydrique.

# CHAPITRE XXIV

# GAZ CARBONIQUE
# OXYDE DE CARBONE

**261. Combustion du carbone.** — La combustion complète du carbone nous a donné le gaz carbonique de formule $CO^2$ (242).

Si la combustion est incomplète, on obtient en même temps un autre gaz, l'oxyde de carbone, de formule $CO$ :

$$C + 2O = CO^2$$
$$C + O = CO$$

## Gaz carbonique

$$CO^2 = 44$$

**262. Propriétés physiques.** — Le gaz carbonique est incolore ; il possède une odeur piquante et une saveur légèrement aigrelette, qu'il communique aux boissons gazeuses.

**Densité.** — Il est plus dense que l'air: c'est ce que nous rappelle (153) son poids moléculaire 44, nombre supérieur à 28,9.

On peut en effet le transvaser de haut en bas, comme

un liquide et l'accumuler au fond d'un vase où il ne se mélange que très lentement avec l'air, de sorte que l'on peut voir flotter des bulles de savon (*fig.* 80) sur la couche de gaz carbonique, comme le ferait un flotteur en liège déposé sur une couche d'eau.

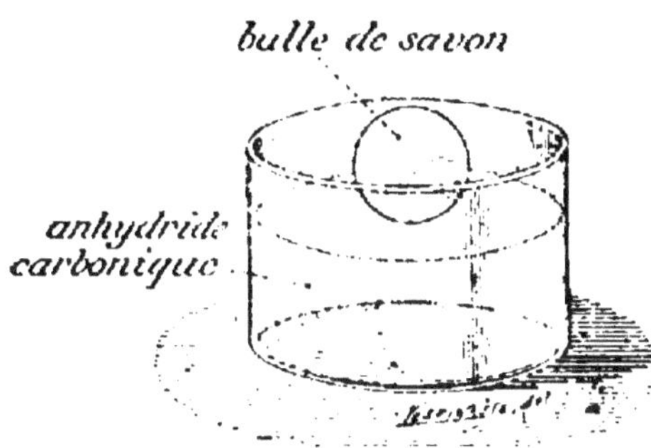


Fig. 80. — Bulle de savon déposée sur une couche de gaz carbonique.

**Solubilité.** — Le gaz carbonique est soluble dans l'eau ; on peut s'en convaincre en fermant avec la main, puis agitant, une éprouvette de gaz carbonique additionné d'une petite quantité d'eau.

D'ailleurs, la solubilité est loin d'être comparable à celle du gaz sulfureux : un litre d'eau dissout environ un litre de gaz carbonique à la température ordinaire de 15°, sous la pression atmosphérique.

Comme pour tous les gaz, la solubilité augmente avec la pression : l'eau de Seltz est une dissolution de gaz carbonique dans l'eau, réalisée sous une pression voisine de 4 atmosphères. Lorsque l'on abandonne, à la pression atmosphérique, une dissolution ainsi obtenue, l'excès de gaz dissous se dégage ; aussi

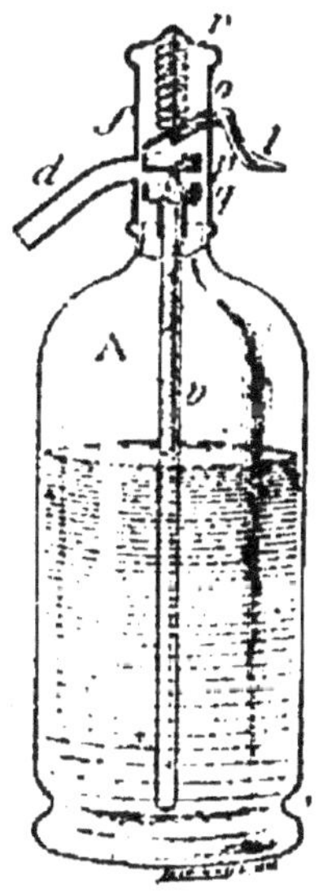

Fig. 81.
Siphon à eau de Seltz.

doit-on conserver la dissolution dans des vases clos en verre épais (siphons à eau de Seltz, *fig.* 81).

**Liquéfaction.** — Le gaz carbonique est liquéfiable par compression à la température ordinaire.

Le liquide obtenu, qui est incolore, est livré par l'industrie dans des tubes en acier analogues à ceux qui servent au transport de l'oxygène comprimé. Dans un pareil tube, la pression exercée par le gaz non liquéfié est constante à la température ordinaire, et voisine de 50 atmosphères, tant qu'il reste du liquide dans le tube (¹).

A la pression atmosphérique, ce liquide se vaporise en produisant un abaissement de température suffisant pour solidifier les portions non vaporisées. On obtient ainsi un solide blanc, semblable à de la neige (neige carbonique), se vaporisant lentement à l'air libre, en produisant un abaissement de température qui maintient le solide restant à la température de — 79°.

Ce fait peut être utilisé pour la production du froid dans les laboratoires et dans l'industrie.

**263. Propriétés chimiques.** — Le gaz carbonique n'entretient pas

Fig. 82. — Extinction d'une bougie plongée dans le gaz carbonique.

les combustions des combustibles usuels (*fig.* 82).

(¹) Voir un cours de physique : étude des vapeurs saturantes.

Or, ces combustibles donnent du gaz carbonique en brûlant ; il en résulte que si leur combustion s'effectue dans une atmosphère limitée, elle doit s'arrêter pour deux raisons : diminution de la quantité d'oxygène et augmentation de la quantité de gaz carbonique.

L'air n'entretiendrait plus les combustions usuelles s'il arrivait à contenir 25 % de gaz carbonique.

Nous verrons plus loin que cette circonstance ne saurait se produire dans notre atmosphère.

**264. Action sur l'organisme.** — Le gaz carbonique n'entretient pas la respiration. Or, notre respiration produit constamment ce gaz, car l'air qui sort de nos poumons trouble rapidement l'eau de chaux.

Ce dégagement de gaz carbonique résulte des combustions lentes que l'oxygène charrié par le sang réalise dans notre organisme.

Dans une atmosphère limitée, nous devons donc nous trouver dans des conditions analogues à celles d'un combustible dont la combustion s'arrête dès que la proportion de gaz carbonique qui l'entoure devient trop grande ; et, en effet, la respiration devient impossible, et la mort survient dès que l'air contient 30 % de gaz carbonique. A la dose de 1 %, on commence à éprouver un malaise ; il serait même malsain de respirer constamment dans une atmosphère qui contiendrait 1/1000 de gaz carbonique.

D'ailleurs, ce gaz n'agit pas comme un poison, et n'intervient qu'en empêchant l'arrivée de l'oxygène dans l'organisme : un animal plongé dans une atmosphère riche en gaz carbonique est donc asphyxié comme s'il était plongé dans l'eau ; si l'action du gaz n'a pas été trop prolongée, on peut ramener l'animal à la vie en rétablissant la respiration à l'aide de l'oxygène de l'air.

De ces phénomènes résulte la nécessité d'assurer une aération parfaite de nos demeures, afin de chasser le gaz carbonique produit, non seulement par notre respiration, mais aussi par les combustibles que nous utilisons pour nous chauffer et nous éclairer (¹).

**265. Propriétés acides.** — La teinture de tournesol prend, au contact du gaz carbonique ou de sa dissolution dans l'eau, une teinte rouge (vineux), moins accentuée que la coloration rouge fournie par les acides chlorhydrique et sulfurique; nous dirons que cette réaction définit un **acide faible.**

D'ailleurs, le gaz carbonique agit sur la soude pour donner des sels bien définis. On en connaît deux :

$$CO^3Na^2 \quad \text{et} \quad CO^3NaH.$$

Par analogie avec ce qui a été dit à propos de l'acide sulfureux (179), on considère ces corps comme les sels d'un acide, appelé **acide carbonique,** et qui aurait pour formule $CO^3H^2$.

Cet acide, qui n'est connu qu'en dissolution, doit être considéré comme formé par la combinaison :

$$CO^2 + H^2O = CO^3H^2.$$

Le gaz carbonique est donc un *anhydride* (179) au même titre que l'anhydride sulfureux.

(¹) La respiration d'un homme absorbe, par heure, 20 à 25 litres d'oxygène et donne 15 à 20 litres de gaz carbonique.

**266. Carbonates. — Les sels de l'acide carbonique sont les carbonates.**

L'existence de deux carbonates de sodium :

$$CO^3Na^2 \qquad\qquad CO^3NaH$$

Carbonate neutre de sodium  Bicarbonate de sodium

nous fera dire que l'acide carbonique présente deux fois la fonction acide ou qu'il est un *biacide*, comme les acides sulfureux et sulfurique (191).

La nature nous offre de nombreux carbonates ; le plus important est le **carbonate de calcium**, $CO^3Ca$, qui constitue la partie essentielle des roches dites *calcaires* (marbre, craie).

Ce carbonate a la composition du produit solide blanc, insoluble dans l'eau, qui apparaît lorsque l'on fait agir l'acide carbonique sur l'eau de chaux :

$$CO^3H^2 + CaO^2H^2 = CO^3Ca + 2H^2O.$$

Acide    Base    Sel    Eau

Nous avons constamment utilisé cette réaction pour reconnaître le gaz carbonique.

D'ailleurs, l'action prolongée de l'acide carbonique sur l'eau de chaux fait disparaître le précipité blanc formé en premier lieu ; il s'est formé du *bicarbonate de calcium*, soluble dans l'eau. Si l'on chauffe le liquide, ou même si on l'abandonne à l'air, le bicarbonate de calcium se décompose, perd du gaz carbonique, et le carbonate $CO^3Ca$ se précipite de nouveau.

**267. Le gaz carbonique dans l'atmosphère. —** Nous savons (20) que l'air atmosphérique contient une faible proportion de gaz carbonique.

Ce gaz est déversé dans l'air par les combustions réalisées dans nos foyers domestiques et industriels, ainsi que par la respiration des êtres vivants.

Malgré ces causes de production qui fonctionnent constamment la proportion de gaz carbonique qui reste dans l'air n'éprouve que des variations insignifiantes.

Ce fait est de la plus haute importance pour l'humanité, car l'air deviendrait insalubre, si la dose permanente de gaz carbonique atteignait 1/1000.

Deux phénomènes concourent principalement à assurer la pureté de l'atmosphère :

1° Les plantes respirent comme nous, en utilisant l'oxygène et en dégageant du gaz carbonique; mais leurs parties vertes, sous l'influence de la lumière du jour, décomposent le gaz carbonique et emmagasinent le carbone dans leurs tissus. En même temps l'oxygène est restitué à l'atmosphère ;

2° Les eaux naturelles, en contact avec le carbonate de calcium de l'écorce terrestre, peuvent dissoudre le gaz carbonique et, par suite, le carbonate de calcium lui-même (266) pour donner du bicarbonate de calcium.

La formation de ce composé en présence d'un excès de gaz carbonique, et sa décomposition, avec restitution de ce gaz lorsque la dose atmosphérique tend à diminuer, paraissent susceptibles de faire jouer aux grandes nappes d'eaux naturelles un rôle régulateur.

**268. Sources naturelles de gaz carbonique. —** Indépendamment de sa production constante dans les combustions et dans la respiration, le gaz carbonique se produit dans diverses fermentations et dans une foule d'opérations industrielles.

Il se dégage des fissures du sol dans les **régions** volcaniques et au voisinage de certaines sources d'eaux minérales (eaux de Vichy), qui le contiennent en dissolution.

**269. Préparation.** — Le gaz carbonique se prépare dans l'industrie, soit en vue de son emploi immédiat dans les usines, soit en vue de sa liquéfaction ou de sa dissolution dans l'eau. On peut s'adresser :

1° A la combustion du charbon ;

2° Aux sources naturelles ou aux fermentations ;

3° A la décomposition d'un carbonate.

**270. Préparation par la combustion du charbon.** — On réalise la combustion aussi complètement que possible, en disposant le charbon en couche mince ; on emploie généralement le coke.

Le gaz obtenu doit être débarrassé, par une purification spéciale, de l'azote de l'air et de la petite quantité d'oxyde de carbone qu'il peut contenir.

**271. Exploitation des sources naturelles et des fermentations.** — On peut recueillir le gaz très pur qui se dégage de certaines sources d'eaux minérales (Vichy, par exemple) ; on capte également le gaz carbonique produit en abondance par la fermentation alcoolique.

**272. Décomposition d'un carbonate.** — On s'adresse aux carbonates naturels et principalement au carbonate de calcium (calcaire). La décomposition peut être obtenue par la chaleur ou par l'action d'un acide.

**273. Décomposition du calcaire par la chaleur. —** Cette décomposition, qui exige une température élevée, s'effectue dans des fours; elle fournit du gaz carbonique et laisse l'oxyde de calcium ou chaux vive :

$$CO_3Ca = CO_2 + CaO.$$

Calcaire          Chaux vive

**274. Décomposition d'un carbonate par un acide. —** *Tous les carbonates sont décomposés à la température ordinaire par les acides usuels (chlorhydrique ou sul-*

furique), avec une effervescence due au dégagement de gaz carbonique. On utilise ce moyen pour préparer le gaz carbonique dans les laboratoires.

Le calcaire (craie ou marbre) est placé sous une couche d'eau

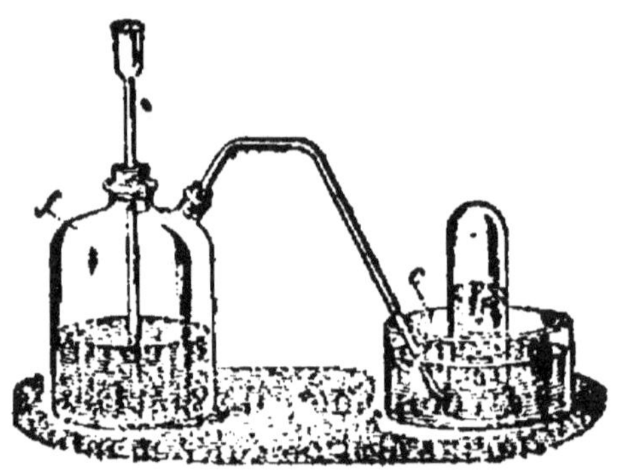

Fig. 83. — Préparation du gaz carbonique.

dans un flacon à deux tubulures (*fig.* 83) disposé comme pour la préparation usuelle de l'hydrogène. On verse de l'acide chlorhydrique par le tube à entonnoir et l'on obtient aussitôt un dégagement de gaz carbonique; le carbonate de calcium est transformé en chlorure de calcium qui reste dissous dans l'eau :

$$CO_3Ca + 2ClH = CO_2 + H_2O + Cl_2Ca.$$

Chlorure de calcium

On recueille le gaz carbonique sur une cuve à eau.

Avec l'acide sulfurique, on obtiendrait du sulfate de calcium qui, étant peu soluble, se déposerait sur le calcaire et arrêterait l'opération :

$$CO^3Ca + SO^4H^2 = CO^2 + H^2O + SO^4Ca.$$

sulfate de calcium<br>(peu soluble)

**275. Applications.** — Les applications du gaz carbonique sont très nombreuses :

1° Il sert à fabriquer les **boissons gazeuses** (eau de Seltz, limonades, etc.). On trouve actuellement dans le commerce, sous le nom de *sparklets*, de petits récipients en acier contenant $CO^2$ liquide, et permettant de gazéifier rapidement une boisson quelconque ;

2° Le liquide carbonique est utilisé pour la **production industrielle du froid** et pour produire commodément une pression de quelques atmosphères par vaporisation du liquide ; en particulier, dans les pompes à gaz comprimé, il remplace avantageusement l'air lorsqu'il s'agit de faire monter la bière (altérable par l'air) des caves où elle est conservée, aux lieux où l'on doit l'utiliser ;

3° Le gaz carbonique joue un rôle important dans *diverses industries chimiques*.

## Oxyde de carbone

$$CO = 28$$

**276. Réduction du gaz carbonique par le charbon.** — Nous avons vu que le gaz carbonique n'entretient pas les combustions usuelles. Il peut cependant, dans certaines conditions, abandonner une partie de son oxygène, c'est-à-dire être réduit.

C'est ce qui passe au contact du charbon incandescent. Faisons passer lentement (*fig.* 84) un volume

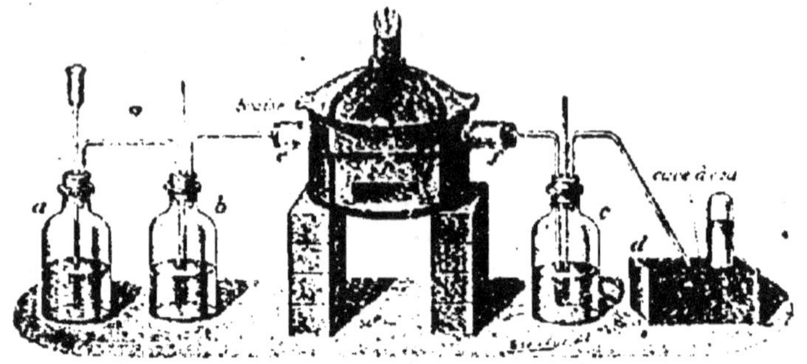


Fig. 84. — Décomposition du gaz carbonique par le charbon : production d'oxyde de carbone.

Le gaz carbonique, produit en *a*, se dessèche en *b* dans de l'acide sulfurique et passe ensuite sur le charbon chauffé. Une dissolution de soude, placée en *c*, absorbe la petite quantité de gaz carbonique qui a échappé à la réaction.

connu de gaz carbonique sur du charbon porté à l'incandescence dans un long tube fortement chauffé ; nous recueillerons un volume double d'un gaz ne troublant pas l'eau de chaux. C'est l'oxyde de carbone de formule CO; on a l'équation :

$$CO^2 + C = 2CO$$
$$22^{\text{lit}},4 \qquad 2 \times 22^{\text{lit}},4$$

**277. Propriétés physiques.** — Ce gaz est incolore, inodore et sans saveur.

Par sa densité (28:28,9 par rapport à l'air), sa faible solubilité dans l'eau et par la difficulté de sa liquéfaction, il ressemble à l'azote.

**278. Propriétés chimiques.** — L'oxyde de carbone est combustible; il peut être enflammé dans l'oxygène ou dans l'air, et brûle avec une flamme bleue très chaude.

Sa combustion fournit du gaz carbonique, troublant l'eau de chaux. On peut la réaliser dans un eudiomètre et en déduire la composition de l'oxyde de carbone. On trouve que :

10 centimètres cubes d'oxyde de carbone exigent 5 centimètres cubes d'oxygène, et donnent après combustion 10 centimètres cubes de gaz carbonique, entièrement absorbables par une dissolution de soude.

On en conclut que :

$22^{lit},4$ de gaz carbonique, représentés par $CO^2$, seraient fournis par $11^{lit},2$ d'oxygène, représentés par O, ayant servi à brûler $22^{lit},4$ d'oxyde de carbone, représentés dès lors par CO.

La combustion de l'oxyde de carbone est donc représentée par :

$$CO + O = CO^2.$$

2 vol.  1 vol.  2 vol.

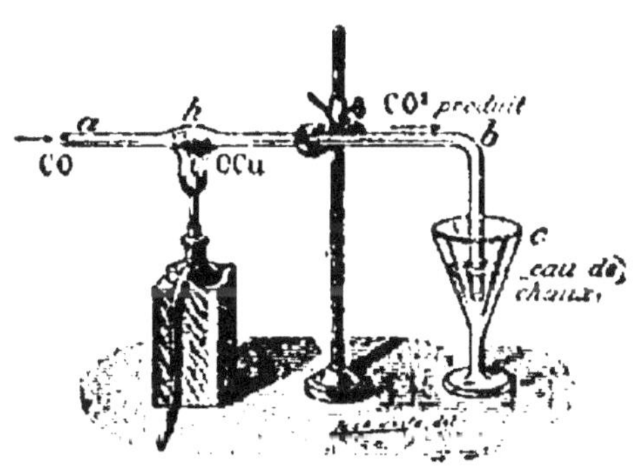


FIG. 85. — Réduction d'un oxyde métallique (oxyde de cuivre) par l'oxyde de carbone.

**279. Propriétés réductrices.** — La facilité avec laquelle l'oxyde de carbone se combine à l'oxygène, lui permet d'enlever ce gaz aux corps oxygénés ; en d'autres termes, l'**oxyde de carbone est un réducteur.**

Il réduit facilement divers oxydes métalliques. Par exemple, en passant (*fig.* 85) sur de l'oxyde de cuivre chauffé, il est transformé en gaz carbonique et laisse du cuivre :

$$CuO + CO = Cu + CO^2.$$

Ce rôle réducteur de l'oxyde de carbone est utilisé dans de nombreuses opérations métallurgiques.

**280. Action sur l'organisme.** — L'oxyde de carbone, introduit dans l'organisme, se fixe sur le sang et l'empêche aussitôt d'absorber l'oxygène nécessaire à l'entretien de la vie. Il en résulte, même si la dose d'oxyde de carbone est faible, un véritable empoisonnement, qu'il ne faut pas confondre avec l'asphyxie produite par le gaz carbonique (264); l'empoisonnement se traduit d'abord par des maux de tête et des vertiges, et amène rapidement la mort lorsque la dose atteint 1 °/₀.

Les empoisonnements par l'oxyde de carbone expliquent les malaises que l'on éprouve au voisinage des appareils de chauffage dont la combustion est défectueuse. On ne saurait trop se méfier des appareils dont le tirage est insuffisant, et en particulier, des appareils à combustion lente; il faut également éviter toute fissure et proscrire les poêles en fonte, dont les parois deviennent perméables à l'oxyde de carbone lorsqu'elles sont portées au rouge.

On peut combattre l'empoisonnement par l'oxyde de carbone à l'aide d'oxygène pur, si c'est possible ou, à défaut, en exposant la victime au grand air.

**281. Sources d'oxyde de carbone.** — Ce gaz se produit toutes les fois que le charbon brûle en présence d'une quantité d'air insuffisante et, en particulier, dans les foyers où le combustible est disposé en couche épaisse (*fig.* 86).

En *a*, au voisinage de la grille, la combustion est complète, et fournit du gaz carbonique qui, passant en *b* à travers une couche de charbon incandescent, est réduit, et fournit de l'oxyde de carbone qui brûle enfin vers le haut de la couche, au contact de l'air, avec sa flamme bleue, en donnant du gaz carbonique.

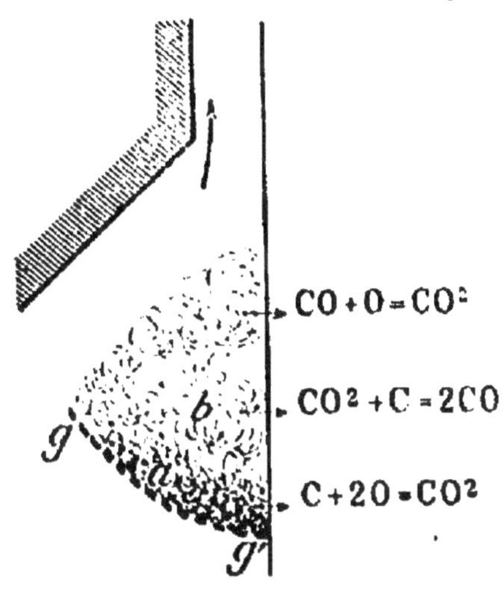



Fig. 86. — Production d'oxyde de carbone dans la combustion du charbon disposé en couche épaisse.

**282. Application et préparation.** — L'oxyde de carbone, si dangereux lorsqu'il se produit accidentellement dans nos demeures, est cependant susceptible de rendre de grands services dans l'industrie.

C'est en effet un **combustible** commode qui, en raison de son état gazeux, peut permettre de réaliser un chauffage plus régulier que celui que donne le charbon.

On l'obtient en faisant passer un courant d'air à travers une couche épaisse de coke incandescent. Comme on l'a vu plus haut (*fig.* 86), il se produit de l'oxyde de carbone ; on le fait brûler dans les fours qu'il s'agit de chauffer, après l'avoir mélangé à l'air nécessaire à sa combustion.

Les appareils industriels qui fonctionnent sur ce principe sont appelés *gazogènes*.

Parfois, on associe l'action de l'air avec celle de la vapeur d'eau qui peut fournir (214) un mélange combustible d'oxyde de carbone et d'hydrogène (*gaz à l'eau*), utilisé pour le chauffage industriel et le fonctionnement des moteurs à gaz.

# CHAPITRE XXV

## SILICE

### Silice

$$SiO^2 = 60$$

**283. État naturel.** — Parmi les roches que nous offre la nature, on distingue aisément le *quartz* ou *cristal de roche*, qui se présente sous la forme de prismes hexagonaux, souvent très volumineux, terminés par des pyramides à six faces (*fig.* 87). On a donné à cette substance le nom de **silice**.

Le cristal de roche est limpide et incolore, mais parfois le quartz est coloré en brun (quartz enfumé) ou en violet (quartz améthyste).

D'autres roches se rapprochent du quartz par leurs propriétés physiques et leur composition et sont

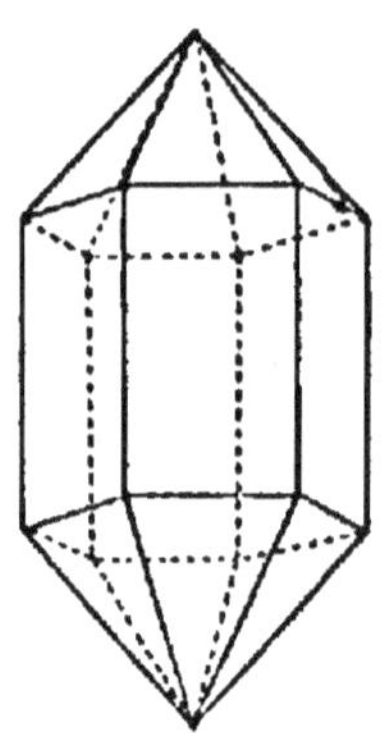

Fig. 87. — Forme cristalline du quartz.

considérées comme des variétés plus ou moins pures de silice; nous citerons *l'agate, l'onyx, le jaspe, le silex, le sable, le grès.* Toutes ces roches ont des densités voisines de celle du quartz ($2^{gr},5$ par cm³).



12*

**284. Propriétés physiques.** — Les variétés naturelles de silice sont remarquables par quelques propriétés physiques importantes. Elles sont insolubles dans l'eau, très dures et peu fusibles.

**Dureté.** — Le quartz est un corps très dur, capable de rayer le verre.

La dureté de l'agate est utilisée pour confectionner des mortiers destinés à la pulvérisation de diverses substances; on l'emploie également pour faire des supports pour couteaux de balance.

La dureté du silex le rend propre à la confection des briquets destinés à fournir du feu par frottement; nos ancêtres préhistoriques taillaient cette pierre pour fabriquer des armes et des outils.

La dureté du grès le rend apte au pavage des rues et à la confection de meules à aiguiser.

**Fusion.** — La silice ne fond qu'à une température très élevée (1.800° environ), en passant par l'état pâteux. Elle ne se volatilise que dans le four électrique.

**285. Propriétés chimiques.** — La silice est remarquable par sa *grande résistance à la plupart des actions chimiques,* surtout à la température ordinaire. En particulier, elle résiste à l'action des acides usuels.

Nous allons étudier quelques réactions susceptibles de nous renseigner sur sa composition.

**Réduction par le magnésium.** — Lorsqu'on traite à chaud la silice par divers métaux, ceux-ci s'oxydent; la silice est donc un composé oxygéné.

En particulier, le magnésium en poudre, chauffé avec de la silice, se transforme en oxyde de magnésium (magnésie) (28) et laisse, à la place de la silice, un corps simple appelé **silicium** et représenté par **Si**. La silice est donc une combinaison d'oxygène et de silicium ; sa formule est $SiO^2$.

La décomposition de la silice par le magnésium est une réduction ; elle s'exprime par l'équation :

$$SiO^2 + 2Mg = Si + 2MgO.$$
Silice            Magnésie

**Réduction par le carbone.** — Au four électrique, la silice peut être réduite par le charbon ; mais le silicium, au lieu d'être mis en liberté comme dans le cas précédent, se combine au carbone pour donner un *siliciure de carbone*, de formule $SiC$ :

$$SiO^2 + 3C = SiC + 2CO.$$

Ce siliciure de carbone est préparé industriellement sous le nom de *carborundum*. C'est un corps solide aussi dur que le diamant et se prêtant au forage des roches dures et au polissage des métaux.

**286. Fonction chimique de la silice.** — La silice, chauffée avec de la soude fondue, donne un composé qui, par refroidissement, présente l'aspect du verre ; il s'en distingue immédiatement par sa solubilité dans l'eau *(verre soluble)*.

Ce composé est analogue, par sa composition, au carbonate de sodium $CO^3Na^2$ ; on le considère comme un sel et on l'appelle silicate de sodium.

Sa formule est fort complexe, mais se rapproche parfois de $SiO^3Na^2$.

Dès lors, on peut dire que la silice est, comme le gaz carbonique (265) un anhydride correspondant à un acide silicique, de formule $SiO_3H_2$; c'est ce que rappellent les formules:

$$CO_3Na_2, \qquad CO_3H_2, \qquad CO_2,$$

Carbonate de sodium  —  Acide carbonique  —  Anhydride carbonique

$$SiO_3Na_2, \qquad SiO_3H_2, \qquad SiO_2.$$

Silicate de sodium  —  Acide silicique  —  Anhydride silicique

On obtient plus facilement le silicate de sodium dont il vient d'être question en fondant ensemble du sable blanc (silice) et du carbonate de sodium.

L'opération se fait dans un creuset; la masse fond et dégage du gaz carbonique.

Le résultat de l'opération est une masse fusible, donnant, par refroidissement, un solide analogue au verre, mais soluble dans l'eau. C'est le silicate de sodium, formé d'après l'équation :

$$CO_3Na_2 + SiO_3 = SiO_3Na_2 + CO_2.$$

**287. Précipitation de l'acide silicique. — Les** dissolutions de silicate de sodium sont comme les carbonates, décomposées par les acides.

Si la solution est concentrée, l'addition d'un acide fait apparaître un précipité, se présentant parfois sous l'aspect d'une gelée; c'est de l'acide silicique; avec l'acide chlorhydrique, la réaction pourrait se formuler :

$$SiO_3Na_2 + 2ClH = SiO_3H_2 + 2ClNa.$$

Dissous  —  Précipité  —  Dissous

Cette silice hydratée est facilement attaquée par les bases et donne des silicates.

Par l'action de la chaleur, elle perd son eau et donne de la silice anhydre blanche pulvérulente, de formule $SiO_2$.

La précipitation de la silice par un acide peut donc servir à obtenir artificiellement de la silice pure, en partant d'une variété quelconque de silice impure (sable).

**288. Action des acides sur la silice hydratée.** — Lorsque l'on traite, comme ci-dessus, par un acide une dissolution suffisamment étendue, de silicate de sodium, on peut ne pas observer la précipitation de la silice gélatineuse.

Celle-ci paraît dissoute dans le liquide; mais, en réalité, elle est à un état de division extrême, invisible au microscope et peut, sous diverses influences, se coaguler en gelée.

Cette dissolution peut se produire lorsque des silicates naturels se trouvent en présence de l'eau et de l'acide carbonique de l'atmosphère; la silice peut être ainsi transportée par les eaux, et être ensuite absorbée en quantité minime d'ailleurs, par les végétaux.

**289. Importance de la silice dans la nature.** — La nature nous offre un grand nombre de silicates, de compositions fort complexes, qui ont un rôle essentiel dans la constitution de la croûte terrestre; à ce titre, le silicium qui n'a cependant aucun intérêt pratique, est presque aussi abondant que l'oxygène.

**290. Application de la silice ou des silicates.** — Nous avons cité quelques applications des variétés naturelles de silice (284).

Les silicates sont encore plus importants: le *kaolin*, les *argiles* sont des silicates naturels qui servent de matière première pour la fabrication des porcelaines, des faïences, des poteries, des terres cuites.

Enfin les **verres**, dont l'importance est si grande dans notre civilisation, sont des silicates artificiels complexes.

Ce sont des corps solides, généralement transparents, mauvais conducteurs de la chaleur et de l'électricité ; ils ne se laissent pas rayer par la plupart des corps usuels : ce sont des **corps durs**. Ils sont pratiquement insolubles dans l'eau et dans la plupart des liquides.

Les verres sont fusibles, mais ils ne prennent l'état liquide qu'en passant par une série d'états plus ou moins pâteux, à la faveur desquels on peut les déformer et les travailler facilement.

— La matière première des verres est **la silice**.

Mais la silice est trop peu fusible pour être utilisée isolément dans les circonstances usuelles (¹). En la combinant avec les oxydes métalliques on obtient des silicates plus fusibles. Les silicates auxquels on s'adresse sont de deux sortes :

1° Les silicates de sodium ou de potassium, *fusibles,* mais *solubles dans l'eau ;*

2° Le silicate de calcium, *insoluble dans l'eau*, mais *moins fusible* que les précédents.

En mélangeant un *silicate de sodium ou de potassium* avec *un silicate de calcium*, on obtient des produits intermédiaires, moyennement fusibles, qui constituent les VERRES USUELS.

(¹) On en fait des tubes ou autres appareils de laboratoire, qui peuvent subir, sans rupture, des variations brusques de température.

# CHAPITRE XXVI

## COMPLÉMENTS

On trouvera, dans ce chapitre, un certain nombre de notions importantes, dont l'étude pourra utilement se faire à propos de la revision du cours.

### Hypochlorites. Chlorates. Corps oxydants

**291. Action du chlore sur les bases à froid.** — Nous avons obtenu les chlorures décolorants (113) en faisant agir le chlore sur la soude ou sur la chaux.

L'*hypochlorite de sodium*, ClONa, prend naissance lorsque le chlore agit sur une dissolution *étendue et froide de soude* :

$$2\,Cl + 2NaOH = ClONa + ClNa + H^2O.$$

On s'abstient de séparer l'hypochlorite (ClONa) du chlorure (ClNa) qui l'accompagne, mais l'hypochlorite seul est intéressant dans ce mélange connu sous le nom d'eau de Javel.

Le chlore et la potasse donnent de même :

$$2Cl + 2KOH = ClOK + ClK + H^2O.$$

On obtient facilement ces liquides par l'électrolyse des dissolutions de chlorures (114).

**292. Transformation des hypochlorites en chlorates.** — Sous l'influence de la chaleur, les hypochlorites *dissous* sont transformés en d'autres sels, les chlorates :

$$3ClOK = ClO^3K + ClK.$$
Hypochlorite    Chlorate

Il en résulte que l'on obtient un *chlorate*, mêlé de chlorure, lorsqu'on fait agir *le chlore sur une dissolution chaude et concentrée de potasse ou de soude :*

$$6Cl + 6KOH = ClO^3K + 5ClK + 3H^2O$$

On peut d'ailleurs se dispenser de la préparation préalable de la base (potasse ou soude) et réaliser l'électrolyse d'une dissolution de chlorure (ClK ou ClNa), en ayant soin de chauffer le liquide.

C'est par ce moyen que l'on prépare le *chlorate de potassium* qui nous a servi à préparer l'oxygène (34).

**293. Décomposition d'un chlorate par la chaleur.** — Cette décomposition dégage de l'oxygène et laisse un résidu de chlorure :

$$ClO^3K = 3O + ClK.$$

**294. Corps oxydants.** — Les *chlorates* et les corps qui peuvent fournir de l'oxygène sont souvent utilisés pour réaliser des oxydations sans passer par la préparation préalable de l'oxygène. On donne à ces agents chimiques le nom de **corps oxydants.**

Tels sont l'acide azotique et les azotates (210).

Il en est de même du *chlore en présence de l'eau ;* en présence d'un corps oxydable, le chlore peut prendre l'hydrogène de l'eau et fixer l'oxygène sur le corps considéré :

$$2Cl + H^2O + \text{corps oxydable} = 2ClH + \text{corps oxydé.}$$

Dans cet ordre d'idées, *l'eau régale* (215) et *les hypochlorites* sont des oxydants énergiques. Citons encore le *bioxyde de manganèse*, qui nous a servi à décomposer l'acide chlorhydrique (111).

## Catalyseurs

**295. Catalyse.** — On rencontre fréquemment des réactions chimiques qui, dans les conditions ordinairement réalisées, ne s'effectuent que lentement, mais qui se trouvent singulièrement facilitées par le *contact* de certains corps, inertes en apparence, et que l'on retrouve inaltérés lorsque la réaction est achevée.

Citons, par exemple, le platine très divisé qui permet de produire aisément la synthèse (176) de l'anhydride sulfurique :

$$SO^2 + O = SO^3.$$

La substance auxiliaire, dont le contact assure la réaction, prend le nom de *catalyseur*. Le phénomène prend le nom de *catalyse*.

Les métaux très divisés sont souvent employés comme catalyseurs, mais ce rôle peut être joué par les corps les plus variés. Ainsi le bioxyde de manganèse ($MnO^2$) peut servir de catalyseur pour faciliter la décomposition du chlorate de potassium dans la préparation usuelle de l'oxygène (34).

## Notions sur les sels et les acides

**296. Décomposition d'un sel par un acide.** — Nous avons obtenu l'acide chlorhydrique en décomposant le chlorure de sodium par l'acide sulfurique :

$$ClNa + SO^4H^2 = ClH + SO^4HNa.$$

La réaction se traduit par une permutation entre Na et H dans les formules ClNa et $SO^4H^2$.

Nous aurions pu remplacer ClNa par tout autre chlorure métallique. On peut donc écrire :

$$\text{Chlorure de } \mathbf{M} + SO^4H^2 = ClH + \text{Sulfate de } \mathbf{M}.$$

(M étant un métal)

L'acide chlorhydrique correspond aux chlorures (125) et l'acide sulfurique correspond aux sulfates. Aussi exprime-t-on la réaction précédente en disant que *l'acide sulfurique a libéré l'acide du chlorure en se transformant en sulfate.*

Ce mode de décomposition est très général. Il suffit, pour s'en convaincre, de remarquer que nous avons pu obtenir l'acide azotique en décomposant un azotate par l'acide sulfurique (220),

$$AzO^3Na + SO^4H^2 =: AzO^3H + SO^4HNa;$$

on obtiendrait l'acide phosphorique en décomposant un phosphate par l'acide sulfurique (222),

$$(PO^4)^2 Ca^3 + 3SO^4H^2 = 2PO^4H^3 + 3SO^4Ca;$$

l'acide sulfhydrique en décomposant un sulfure par l'acide sulfurique (205),

$$SFe + SO^4H^2 = SH^2 + SO^4Fe.$$

**L'acide sulfurique est susceptible de décomposer ainsi la plupart des sels et de libérer les acides de ces sels.**

*C'est ce qui le fait considérer comme le plus énergique des acides.*

L'acide chlorhydrique et l'acide azotique sont assez énergiques et peuvent libérer divers acides.

Ainsi le sulfure de fer est décomposé par ClH avec production d'acide sulfhydrique (203) :

$$SFe + 2ClH = SH^2 + Cl^2Fe.$$

Toutefois l'acide chlorhydrique et l'acide azotique ne libèrent pas en général l'acide sulfurique d'un sulfate et devront être considérés, à ce point de vue, comme moins énergiques que l'acide sulfurique.

L'acide carbonique est libéré lorsqu'un carbonate est attaqué par l'un des acides précédents (274) :

$$CO^3Ca + 2ClH = CO^3H^2 + Cl^2Ca.$$
$$\left[ \begin{array}{c} \text{se décompose en} \\ CO^2 + H^2O \end{array} \right]$$

De même, l'acide sulfureux est libéré par l'attaque d'un sulfite par un acide (180).

$$SO^3Na^2 + 2ClH = SO^3H^2 + 2ClNa.$$
$$\left[ \begin{array}{c} \text{se décompose en} \\ SO^2 + H^2O \end{array} \right]$$

**Les décompositions des sels par les acides sont donc des réactions très générales, que l'on utilise pour préparer les acides correspondant à ces sels.**

La précipitation de la silice d'un silicate (287), la préparation de l'acide borique par décomposition d'un borate (297) rentrent dans ce groupe de réactions.

Tous ces exemples montrent la grande simplification qu'introduit en chimie la notion de **fonction chimique** (128).

**297. Décomposition d'un chlorure par un sel d'argent, en présence de l'eau.** — Lorsqu'on traite une dissolution aqueuse de chlorure de sodium, ou de tout autre *chlorure métallique soluble dans l'eau*, par une dissolution aqueuse d'*azotate d'argent*, on voit se former un précipité qui est du *chlorure d'argent*.

$$ClNa + AzO^3Ag = ClAg + AzO^3Na.$$

Dissous  Dissous  Précipité  Dissous

Avec l'acide chlorhydrique, on aurait de même :

$$ClH + AzO^3Ag = ClAg + AzO^3H.$$

Dissous  Dissous  Précipité  Dissous

Dans ces circonstances, Ag permute avec Na (métal du chlorure) ou avec H.

Sans procéder à une longue analyse, on peut reconnaître ce précipité de chlorure d'argent *qui est blanc, caillebotté, insoluble dans l'eau et dans les acides usuels; il noircit à la lumière; il est soluble dans l'ammoniaque.*

La constatation de ces caractères pourra donc permettre de reconnaître *l'acide chlorhydrique ou un chlorure dissous* en utilisant, comme réactif, *l'azotate d'argent.*

**298. Décomposition d'un sulfate par un sel de baryum, en présence de l'eau.** — De même lorsqu'on traite une *dissolution aqueuse d'un sulfate* par une dissolution aqueuse d'un *sel soluble de baryum* (chlorure ou azotate), on obtient un précipité qui est du *sulfate de baryum* :

$$SO^4Na^2 + Cl^2Ba = \underline{SO^4Ba} + 2ClNa.$$

Dissous     Dissous     Précipité     Dissous

Avec l'acide sulfurique, on aurait de même :

$$SO^4H^2 + Cl^2Ba = \underline{SO^4Ba} + 2ClH.$$

Dissous     Précipité     Dissous

*Il est facile de reconnaître ce précipité de sulfate de baryum qui est blanc, insoluble dans l'eau et dans les acides usuels.*

*Le chlorure de baryum ($Cl^2Ba$) ou l'azotate de baryum ($AzO^3)^2Ba$ sont donc des réactifs de l'acide sulfurique ou des sulfates solubles dans l'eau.*

## Notion de Valence

**299. Comparaison des formules des sels d'un même métal.** — Nous avons vu (125) qu'un sel peut être considéré comme résultant du remplacement de l'hydrogène d'un acide par un métal.

L'examen des formules montre que ce remplacement s'effectue suivant des proportions bien déterminées.

Comparons, par exemple, les formules des sels de sodium à celles des acides correspondants :

| Acides | Sels | |
|---|---|---|
| $ClH$ | $ClNa$ | (chlorure) |
| $AzO^3H$ | $AzO^3Na$ | (azotate) |
| $SO^4H^2$ | $SO^4HNa$ <br> $SO^4Na^2$ | sulfates |
| $SO^3H^2$ | $SO^3HNa$ <br> $SO^3Na^2$ | sulfites |
| $CO^3H^2$ | $CO^3HNa$ <br> $CO^3Na^2$ | carbonates |

On voit que le poids Na, qui représente ce que l'on appelle un atome de sodium, remplace toujours le poids H qui représente un atome d'hydrogène.

Il en est de même pour les atomes :

$$K \qquad Ag$$

Potassium  $\qquad$  Argent

Nous dirons que ces atomes sont *monovalents*.

Mais le calcium, le baryum, le zinc, se comportent autrement.

Les formules :

| Acides | Sels |
|---|---|
| $ClH$ | $Cl^2Ca, Cl^2Zn, Cl^2Ba$ |
| $SO^4H^2$ | $SO^4Ca, SO^4Zn, SO^4Ba$ |
| $CO^3H^2$ | $CO^3Ca$ |

montrent que les atomes :

$$Ca \qquad Ba \qquad Zn$$

Calcium  $\qquad$  Baryum  $\qquad$  Zinc

remplacent $H^2$. Ces atomes sont *divalents*.

Enfin les formules :

$$ClH \qquad Cl^3Au$$

Chlorure d'or

montrent que l'atome Au remplace $H^3$. Nous dirons que cet atome est *trivalent*.

Plus généralement, **la valence d'un métal est le nombre d'atomes d'hydrogène que peut remplacer un atome du métal.**

Nous rencontrerons le plus souvent les valences suivantes :

## Valences usuelles de quelques métaux

Monovalents :     Na, K, Ag
Divalents :      Ca, Ba, Zn, Pb, Fe, Cu, Hg
Trivalents :     Al, Au.

D'ailleurs il peut arriver qu'un métal ait deux valences différentes, suivant les circonstances.

**300. Applications.** — Lorsque l'on connaît la valence d'un métal, on peut *retrouver* aisément les formules de ses sels.

*Exemple.* — Le cuivre étant divalent, Cu remplace $H^2$; la formule de l'azotate de cuivre s'obtiendra donc en remplaçant $H^2$ par Cu dans la formule *doublée* $(AzO^3H)^2$ de l'acide azotique, ce qui donne : $(AzO^3)^2Cu$.

IMPRIMERIE DESLIS, A TOURS. — 1, 16